Schriften der Mathematisch-naturwissenschaftlichen Klasse
der Heidelberger Akademie der Wissenschaften
Nr. 12 (2003)

Springer

Berlin
Heidelberg
New York
Hongkong
London
Mailand
Paris
Tokio

Heinrich Schipperges

Gesundheit und Gesellschaft

Ein historisch-kritisches Panorama

Springer

Prof. Dr. Heinrich Schipperges
Institut für Geschichte der Medizin
Im Neuenheimer Feld 327
69120 Heidelberg

ISBN 3-540-00671-0 Springer-Verlag Berlin Heidelberg New York

Bibliografische Information der Deutschen Bibliothek
Die Deutsche Bibliothek verzeichnet diese Publikation in der Deutschen Nationalbibliografie; detaillierte bibliografische Daten sind im Internet über <http://dnb.ddb.de> abrufbar

Springer-Verlag Berlin Heidelberg New York
ein Unternehmen der BertelsmannSpringer Science+Business Media GmbH
http://www.springer.de

© Springer-Verlag Berlin Heidelberg 2003
Printed in Germany

Umschlaggestaltung: E. Kirchner, Heidelberg
Satz/Umbruch: K. Detzner, Speyer
Druck- und Bindearbeiten: Strauss Offsetdruck GmbH, Mörlenbach
Gedruckt auf säurefreiem Papier   08/3150hs   5 4 3 2 1 0

Zum Geleit

Im Februar 1998 veranstaltete die Heidelberger Akademie der Wissenschaften ein Symposium unter dem Titel „Gesundheit, unser höchstes Gut?" Damals diskutierten Experten verschiedener Fachrichtungen über die Probleme und möglichen Lösungsansätze für eine Reform unseres Gesundheitswesens. Man hat heute immer mehr den Eindruck – und auch in den politischen Kontroversen scheint das immer deutlicher zu werden – dass unser Gesundheitssystem unbezahlbar wird. Aber die Zufriedenheit der Bürger mit dem Erfolg scheint immer mehr abzunehmen. Viele Menschen sind nicht zufrieden mit dem, was die wissenschaftliche Medizin – abwertend auch „Schulmedizin" genannt – uns bietet; Außenseitermethoden scheinen an Boden zu gewinnen. Dabei werden Erfolge, die wir der wissenschaftlichen Medizin verdanken, oft als selbstverständlich hingenommen; man denke etwa daran, dass viele Infektionskrankheiten bei uns mehr oder weniger verschwunden sind; aber auch die enormen Erfolge der Chirurgie wären hier zu nennen.

Das wirft die Frage auf: Was wollen wir eigentlich? Natürlich, wir wollen gesund sein und möglichst lange auch bleiben. Um eine häufig gebrauchte Redensart zu wiederholen: Gesundheit ist nicht alles, aber ohne Gesundheit ist alles nichts. Doch was ist Gesundheit? Wie steht sie mit unserem gesamten gesellschaftlichen System in Wechselwirkung? Diese Frage macht uns sehr verlegen. Und hier kann uns das Buch des Heidelberger Medizinhistorikers Heinrich Schipperges weiterhelfen. Es führt uns hin zu den Gesundheitsvorstellungen und -Idealen unserer Vorväter, von der alten Welt über das Mittelalter bis in die Neuzeit hinein. Wir lernen die klassischen Gesundheitsbücher kennen und werden zu den alten „Arzneibüchern" hingeführt. Oft hat man heute das Gefühl, dass wir in einer ahistorischen Zeit leben. Im Leben – und leider auch in der Wissenschaft – gilt die Besinnung auf die Geschichte oft als altmodisch und überflüssig. Werke wie das vorliegende zeigen, dass das ganz und gar nicht stimmt. Die Geschichte der Vorstellungen zur Gesundheit – und ihre Reflektion – kann uns helfen, mit den Problemen der Gegenwart besser fertig zu werden.

Im Frühjahr 2003   Friedrich Vogel

Vorwort

Im Jahre 1999 konnte ich in der Schriftenreihe der Heidelberger Akademie der Wissenschaften eine Studie über „Krankheit und Kranksein im Spiegel der Geschichte" veröffentlichen.

In Analogie zum Themenkreis „Krankheit" konzentriert sich die vorliegende Arbeit auf das Begriffsfeld „Gesundheit" und seine Rahmenbedingungen, wobei mit den historischen Materialien der soziale Aspekt in den Vordergrund tritt.

Der Verfasser dankt Friedrich Vogel herzlich für die kritische Durchsicht dieser Studie sowie der Heidelberger Akademie der Wissenschaften für deren freundliche Aufnahme in ihre Schriftenreihe.

Heidelberg, im Herbst 2002   Heinrich Schipperges

Inhaltsverzeichnis

Kapitel 3
Die neue Zeit

Kapitel 4
Gesundheitskonzepte im 19. Jahrhundert

Kapitel 5
Bilder der Gesundheit im 20. Jahrhundert

Einführung

Eine allgemein verbindliche Definition für „Gesundheit" ist nicht zu erwarten. Darin sind sich alle Experten einig. Was wir aber zur Diskussion stellen können, sind die Rahmenbedingungen für Gesundheit, die wiederum profilierter Zulieferer bedürfen: so die Pädagogik, die Psychologie, die Soziologie, die Theologie auch, nicht zuletzt – wie ich meinen möchte und mit vorliegender Studie auch zeigen sollte – mein eigenes Fachgebiet, die Geschichte der Medizin.

Der Titel „Gesundheit und Gesellschaft" enthält aber auch die provokative These, daß der gesunde Leib des Menschen immer auch Spiegel der Gesellschaft sei, daß es eine autonome, von sozialen Aspekten freie Betrachtung des Leibes gar nicht geben kann. Zu sehr findet zwischen den physischen und sozialen Gebilden ein stetiger Austausch von Bedeutungsinhalten statt. Sie stehen nicht nur in einem dialektischen, sondern geradezu dialogischen Verhältnis, in einem Beziehungs-System.

Vor dem Hintergrund einer dreitausendjährigen Geschichte abendländischer Heilkunde erst begreift man, warum Gesundheit als eine Theorie der Lebensordnung auch Thema der Medizin sein mußte, obwohl „Gesundheit" zu keiner Epoche zureichend definiert wurde. Wir sprechen daher zu Recht nicht von einem Gesundheitsbegriff, sondern von Bildern der Gesundheit, die freilich vielfältigem Wandel unterworfen sind. Insofern handelt es sich – wie der Untertitel vorgibt – um ein historisch-kritisches Panorama.

Angesichts der überraschenden Aktualität und zunehmenden Attraktivität von „Gesundheit", aber auch in eindeutiger Konfrontation zu all ihren modischen Verzerrungen, dürfte vom Historiker der Medizin daran erinnert werden, daß die Medizin als Gesundheitslehre eine ganz alte Sache ist. Im Konzept der klassischen Heilkunde wurde sie zum Element einer universellen Daseinsphilosophie, zur Elementarwissenschaft auch eines jeden gebildeten Menschen. Wir stoßen dabei auch auf den überraschenden Sachverhalt, daß Wissen um Gesundsein immer auch zu tun hatte mit Normen der Gesellschaft. Wir treffen dabei auf ein erstaunliches Orientierungs-Wissen, gehortet in ärztlichen Erfahrungen von Jahrtausenden, und immer orientiert an Werten der Gemeinschaft. Förderung von Gesundheit im konkreten Alltag war denn immer auch abhängig von Sozialstrukturen und damit von leitenden Wertvorstellungen einer Kulturschicht oder Gesellschaftsgruppe.

Im Spiegel der Geschichte erfahren wir aber auch: Gesundsein und Krankwerden sind menschliche Grunderlebnisse, die zu allen Zeiten in gleicher Weise verarbeitet werden mußten. Kranksein und Gesundwerden sind zugleich aber auch höchst wandelbar, abhängig von kulturellen Einflüssen und gesellschaftlichen Bedingungen. Gesundheit und Krankheit sind daher nicht Sache der Medizin allein; sie erstrecken sich auf alle Bereiche der Umwelt, der Mitwelt, der Erlebniswelten.

Bereits vor dem Versuch einer Begriffsbestimmung hätten wir demnach drei Punkte zu bedenken: 1. Gesundheit ist nicht unabhängig von Krankheit zu verstehen; sie ist aber auch kein Gegenbegriff zur Krankheit. Während indes Krankheit immer als „modus deficiens" gedeutet wurde, behielt Gesundheit einen positiven Gehalt, blieb gebunden an Werte. 2. Es gibt darüber hinaus auch einen Zwischenbereich zwischen „gesund" und „krank", eine Grauzone mit fließenden Übergängen, in welche die Prozesse der Erkrankung ebenso fallen wie die Phasen der Genesung. 3. Gesundheits- und Krankheitsbegriffe sind abhängig von Sozialstrukturen und damit auch von deren leitenden Wertvorstellungen. Werte aber wirken unmittelbar als innere Leitbilder oder äußere Richtlinien, und sie führen nur zu oft zu Spannungen und Konflikten zwischen den geltenden Wertsystemen und Rechtsgemeinschaften.

Aus all diesen Erwägungen ergibt sich, daß Gesundheit ein Begriff ist, der in der Regel durch Negativa definiert wird, durch die Abwesenheit von Krankheit. Dies beruht auf der Tatsache, daß Gesundheit als solche unbemerkbar bleibt, solange sie nicht gestört ist. Wohl kann sie subjektiv erlebt werden in Formen des Wohlbefindens, des Ideenreichtums, der Lebensfreude. Alle diese Empfindungen beruhen zwar auf einem Zustand „Gesundheit", der traditionell so benannt wird, geben aber keine Definition für Gesundheit ab.

Nun haben wir freilich mit gutem Grunde zu konstatieren, daß ein wissenschaftlicher Gesundheitsbegriff bisher nicht aufgestellt werden konnte – und vielleicht auch nicht aufgestellt werden kann. Nicht von ungefähr hat der Heidelberger Philosoph Hans-Georg Gadamer von der „Verborgenheit der Gesundheit" (1993) gesprochen. Gleichwohl liegen im Laufe der Geschichte beachtliche Leitbilder für den Umgang mit Gesundsein vor, die zu einem geschlossenen Bild der Gesundheit führen könnten.

Gesundheit und Krankheit aber haben in der historischen Landschaft ebenso ihren Platz in der Sphäre der Kultur wie in den Gefilden der Natur. Beide Bereiche stellen ebenso deskriptive wie normative Begriffe vor. In allen diesen Konzepten stehen physische und psychische, soziale wie auch geistige Bezüge in einem engen Konnex. Gesundheit und Krankheit gehören einfach zu den Grundbegriffen menschlichen Lebens. Sie sind daher auch wesentliche Themen der Künste und der Literatur, der Philosophie und der Theologie, nicht zuletzt auch der Wissenschaftsgeschichte und hier in exemplarischer Weise der Geschichte der Medizin.

Bei vorliegender Übersicht über die historischen Landschaften kommt es mir weniger auf eine abgeschlossene Darstellung der Entwicklung der Gesundheitslehren an als auf die prinzipiellen Gesichtspunkte, die in jeder Kulturepoche jeweils gesondert zum Ausdruck kommen und die mir als geeignet erschienen, nun auch den modernen Bemühungen um eine „Gesundheitswissenschaft" als heuristisches Muster zu dienen.

Methodologisches Präludium

In einem der ersten Aphorismen des Hippokrates ist in ebenso einleuchtender wie lapidarer Form von der „bona habitudo" des Menschen die Rede, jener normalen Verfassung seines leiblichen Wohlstandes, der gerade dann am meisten gefährdet sein soll, wenn er optimal wird. „Es ist schon längst mit Grund und Bedeutung ausgesprochen", so hat das auch Goethe erfahren: „auf dem Gipfel der Zustände hält man sich nicht lange". Konjunkturkrisen, sie sind – so scheint es – weder im biologischen noch im politischen Haushalt zu vermeiden.

Der klassisch gewordene Topos „Melius est ad summum quam in summo" bezieht sich offensichtlich auf den Aphorismus I, 3 des Hippokrates, wo vom Habitus der Sportsleute die Rede ist, deren Kondition am meisten gefährdet sei, wenn sie den optimalen Punkt erreicht habe. Das allein macht ja lebendiges Geschehen aus, in der Geschichte des Menschen wie der Völker: weder steter Fortschritt noch anhaltende Dekadenz, das abenteuerliche Spiel vielmehr des Auf und Ab, in ebenso reizvoller wie rätselhafter Linienführung, deren Rhythmus alles Lebendige in Bann schlägt.

Das hippokratische Diktum erscheint – aufs geistliche Leben gewandt – bald schon bei den Kirchenvätern. „Frage die Ärzte" – schreibt Basileios in seinen „Homilien" –, „und sie werden dir sagen, daß leibliches Wohlbefinden, wenn es den höchsten Grad erreicht hat, am gefährlichsten ist. Daher entfernen die Erfahrendsten das Überflüssige durch Fasten, damit nicht die Kraft unter der Last des Wohlstandes zusammenbricht".

Paracelsus noch bekennt sich zur gleichen Weisheit in seinem Aphorismus-Kommentar, wo es heißt: „Und ob gleich wohl eine Ruhe gespüret würde, so mag sie doch zu keinem Guten gedeihen, sondern zu Ärgerem, das ist: fallen in die Gestalt der Krankheiten". Denn der Tod und die Ruhe der Gesundheit vermögen nimmer beinander sein; und wo sich auch ein Wohl-Stand einstellet, da ist er „falsch und betrüglich". Auf dem „Gipfel der Zustände" hält man sich eben nicht lange, wie Goethe schrieb. Oder an anderer Stelle – in einer erstaunlich frühen Erfahrung des 24-Jährigen –: „Auf der Höhe der Empfindung hält sich kein Sterblicher".

Alles Geschaffene ist ja ein Zusammengesetztes, wie schon der mittelalterliche Historiker Otto von Freising (1146) in seinen „Gesta Friderici" behauptet hatte: „eine Synthese, deren Teile auf der Höhe der Entwicklung der Auflösung entgegengehen" –, eine im Grunde Augustinische Geschichtsinterpretation, die sich so lebendig noch der antiken Topik vom „Melius ad summum quam in summo" zu bedienen weiß. Jenseits von Fortschritt oder Dekadenz sieht Otto von Freising alles Geschehen ablaufen in einem biologischen Rhythmus. Jede optimale Verfassung eines heterogen zusammengesetzten Organismus aber müsse gemindert werden mit aller Stringenz und mit vollem Bedacht.

In einer solchen Situation galt für die alten Ärzte, die so selbstverständlich auch Naturphilosophen waren, die Welt, der Kosmos, noch als „Ökumene", als der bewohnbare, überschaubare, zu kultivierende Raum der Mutter Erde. Und vielleicht müssen auch wir – über alle Medizinische Anthropologie hinaus – zunächst einmal diese kosmologische Orientierung wiederfinden und damit den Ort einer Lebensordnung, das Maß für die Selbstgestaltung und Daseinsstilisierung, was uns umso leichter fallen könnte, als schon alle diese klassischen Ordnungskategorien um den „Kosmos Anthropos" auf dieses Wertgefüge hinweisen: der „oikos" zunächst als die Haushaltung der kleinen wie der großen Welt, jenes „kosmos" eben, der die Wohlordnung aller Dinge meint und wirklich noch Ökologie garantiert; das „ethos" weiterhin, was wörtlich Standort und Standpunkt meint, aber auch die Quelle, aus der die einzelnen Handlungen fließen; der „nomos" schließlich, der ursprünglich der Weideplatz war, die Richtschnur auch, jenes Wissen um eine komplette Lebenskultur, die „diaita", welche den Arzt zum Meister des „nomos" machen konnte, eben weil er nichts anderes sein wollte als Diener der „physis".

Die Medizin hat unter solchen Kriterien offensichtlich und ganz eindeutig eine doppelte Aufgabe, nämlich: die Gesundheit zu erhalten (conservatio sanitatis) und das Leben zu verbessern (perfectio vitae). Daher wird die Medizin als die notwendige Kunst angesehen, die ebenso zur Gesunderhaltung wie zum Schutze des Lebens geschaffen ist. Ziel der Medizin ist der Schutz der natürlichen Verfassung eines gesunden Lebens.

Ganz ähnlich lautet dies im Sentenzenkommentar des Thomas von Aquin, wo es heißt: „Die Medizin hat zweierlei Aufgaben. Die eine besteht darin, das Krankhafte zur Gesundheit zurückzulenken. Dies braucht der Kranke. Die andere Aufgabe richtet sich nach vorwärts, hin auf die vollkommene Gesundheit. Dies gilt nicht für den Kranken, wohl aber für den Gesunden". In diesem zweiten Aspekt erst wäre die Medizin Vorsorge, und diese bietet und bildet – so Thomas – eine Stufenleiter, auf welcher der relativ Gesunde aufsteigt zu den Grenzen seiner natürlichen Fähigkeit, seiner „virtus", der Tugend als einem Tauglichsein.

Vor diesem historischen Hintergrund wird nun auch das Bild von der Gesundheit deutlicher, wenn wir sie einmal im Spiegel der Sprache zu Wort kommen lassen. Das altfriesische „sund", das althochdeutsche „gisunt" oder das angelsächsische „gesund" bedeuten: heil, wohlbehalten, unversehrt, lebendig. Analoges besagen das gotische Wort „hails", das altnordische „heill", das altsächsische „hêl" und das germanische „heil".

Etymologisch verweist „gesund" demnach auf Begriffe wie ganz, heil oder auch gedeihend. Ähnlich betont das arabische „salam" das Wohlergehen des ganzen Menschen an Leib wie Seele, jene „integritas" der Scholastiker, die Paracelsus noch übersetzen konnte mit „Gesunde und Gänze". Neben der „integritas" (Unversehrtheit) erscheint „sanitas" auch synonym mit „valetudo" (Gesundheitszustand) oder „salubritas" (Wohlsein).

Im deutschen Sprachgebrauch findet sich das Wort „Gesundheit" erstmals im 13. Jahrhundert im „Engelhart" des Konrad von Würzburg, verbreitet sich rasch in der geistlichen Literatur des 14. und setzt sich mit dem 16. Jahrhundert allgemein durch.

Immer aber ist damit ein positives Wissen, eine kreative Form gemeint, eine Heilkunde als Kunde vom Heil. So ganz deutlich noch bei Paracelsus mit seinem Bekenntnis zur integralen Medizin, einer wirklichen Heilkunst, wenn er sagt: „Darum nit allein im Wissen sein soll der Krankheiten Ursprung, sondern auch das Wiederbringen der Gesundheit".

Die etymologische Grundbedeutung für „gesund" wäre demnach: wohlauf, stark, auch dick (en bon point), gut dabei sein, dann auch sich wohl fühlen, es sich gut sein lassen. Daher die Wendungen wie „gesund und frisch", „gesund und munter", „gesund und stark". Man ist gesund „wie ein Fisch im Wasser"; man fühlt sich „pudelwohl", auch „sauwohl", „kannibalisch wohl" (wie im „Faust"), ist „kerngesund", genauer: „kerneichelgesund". Auch sprechen wir von einem „gesunden Menschenverstand" und der „kranken" Sprache, von einer heilen Gesellschaft oder normalen oder anormalen Verhältnissen, ohne dabei einem verbindlichen Begriff für gesund oder krank näher gekommen zu sein.

Wir haben uns mit den sprachlichen Merkmalen zu begnügen, so wie sie etwa in Zedlers „Universal-Lexicon" 10 (1735) 1334 wie folgt beschrieben sind: „Die vornehmsten Zeichen der Gesundheit sind ein hurtig Ingenium, glücklich Gedächtnis, reine unverdorbene Rede, scharf Gesicht und übrige wohlgeübte Sinne, ruhiger Schlaf, ordentlicher Appetit, eine gute und rechte Dauung".

Wie kümmerlich nimmt sich dagegen das aus, was in Meyers Lexikon aus dem Jahre 1904 zu lesen steht: „Die Lehre von der Erhaltung der Gesundheit heißt Hygiene; sie dient entweder dem einzelnen Individuum als private Hygiene oder dem Staatsinteresse als öffentliche Gesundheitspflege". Im „Meyer" des Jahres 1982 freilich ist von einer Hygiene nicht einmal mehr die Rede. Da steht unter „Gesundheit" lediglich noch: „das Fehlen von der Norm abweichender ärztlicher und laboratoriumsmedizinischer Befunde". Danach wäre nun wirklich nur der noch als gesund zu betrachten, der nicht gründlich genug untersucht wurde.

Das sprachliche Begriffsfeld um Gesundheit scheint mehr und mehr zu verkümmern. Der Zeitschrift „Public Health" vom Oktober 1996 entnehme ich 31 verschiedene Begriffe, die alle das Wort „Gesundheit" im Titel tragen –: von Gesundheitsakademie und Gesundheitsamt über Gesundheitsplanung und Gesundheitspolitik bis zu Gesundheitszentrum und Gesundheitszirkel –, ganz zu schweigen von so hochkomplexen Begriffen wie „Transkulturelles Gesundheitswesen" oder gar „Frauengesundheitsmodell", in welchem die psychosozialen „Bedingungsfaktoren bei der Entstehung der Gesundheit von Frauen" analysiert werden, also gleichsam eine „Frauengesundheitsentstehung", was immer das sein mag!

Fragwürdig ist und bleibt sicherlich auch die Tendenz unserer Krankenkassen, sich partout nun „Gesundheitskassen" nennen zu lassen. Zu fragen bliebe nach dem Sinn einer „Fakultät für Gesundheitswissenschaften", wo diese sich doch ausschließlich der „Public Health" verschrieben haben. Gefragt wird seit Jahren schon nach dem Wert einer Definition, wie der der WHO, die doch offensichtlich eine reine Tautologie darstellt. Und im Hintergrund sollten wir auch eine „Salutogenese" (die eigentlich „Hygieiogenese" heißen müßte) in Frage stellen dürfen, zumal auch ihr ein krankheitszentriertes Risikofaktorenkonzept zugrunde liegt.

Als Immanuel Kant sich fragte, warum die Medizin zunächst die Krankheitslehre fördere und dann erst die Gesundheitslehre, gab er die klassische Antwort: „Die Ursache ist: weil das Wohlbefinden eigentlich nicht gefühlt wird; denn es ist bloß Lebensbewußtsein, und nur das Hindernis desselben die Kraft zum Widerstande rege macht". Hier ist von jener „Verborgenheit der Gesundheit" die Rede, von der der Heidelberger Philosoph Gadamer jüngst noch so weise Worte gefunden hat.

Von solchem Geheimnis der Gesundheit ist besonders beglückend die Rede in Karl Barths „Dogmatik" (1957), im dritten Band seiner „Lehre von der Schöpfung", wo er vom „Willen zum Leben" als dem „Willen zur Gesundheit" spricht. Und dann folgt sogleich seine Beschreibung von Gesundsein, die fast einer Definition gleichkommt: „Gesundheit heißt Fähigkeit, Rüstigkeit, Freiheit, heißt Kraft zum menschlichen Leben, Integrität seiner Organe zur Ausübung seiner seelisch-leiblichen Funktionen". Es gehe dabei – so Barth – bei Gesundheit und Krankheit gar nicht um zwei getrennte Bereiche, „sondern jedesmal um das Ganze", um den Menschen selbst, „um seine größere oder kleinere Kraft und um seine sie mehr oder weniger schwer bedrohende oder bereits mindernde Unkraft", Kraftlosigkeit, Ohnmacht, Beeinträchtigung, Hinfälligkeit.

Ist diese „Kraft oder Unkraft zum Menschsein" – fragt Karl Barth abschließend –, ist dieses in so „natürlicher und normaler Weise anhebendes und endendes und also befristetes Leben", ist Gesundheit und Krankheit, so verstanden, „nicht das Subjektivste, das es gibt?" Gehört gerade auch dieser Umgang mit Gesundsein und Krankwerden nicht zur Wirklichkeit des Lebens? Und bleibt daher nicht beides, die Gesundheit, aber auch Krankheit, unser eigentliches Eigentum, ein Besitz?

Gesundheit ist in dieser Gedankenführung weniger ein Zustand als eine Haltung. Was wir zu suchen uns aufmachen, kann daher auch kein Begriff sein, sondern ein Prinzip, das uns zu jenem „habitus" zu leiten vermag. Wir suchen dabei keinerlei Art von Begriffsbildung, sprechen vielmehr lieber von Bildern der Gesundheit.

Kapitel 1

Die alte Welt

Vorbemerkung

In allen älteren Hochkulturen beziehen sich Gesundheit und Krankheit auf Natur wie Kultur. Sie stellen ebenso deskriptive wie normative Begriffe dar. In allen Konzeptionen der Archaischen Hochkulturen stehen physische und psychische, soziale wie auch geistige Bezüge in einem engen Konnex.

Die Heilkunde erhielt daher in allen alten Hochkulturen – China, Indien, Mesopotamien, Ägypten – eine eminent soziale Funktion, insofern sie der Herstellung eines universellen Gleichgewichts diente und damit auch das biologische und soziale Fluidum zu rehabilitieren in der Lage war.

In den frühesten Heilkulturen bereits wurden damit die Krankheitskonzepte überhöht durch sekundäre Konzeptualisierung und Institutionalisierung, wie sie vor allem durch jene religiös-politischen Ordnungsvorstellungen vorgegeben waren, die am ehesten die verschiedenen Gesundheitsbilder zu profilieren vermochten.

Bei der Suche nach solchen Bildern haben wir uns bewußt beschränkt auf die Heilkultur im Alten Ägypten, zumal in ihr das Ordnungsbild der Gesundheit so augenscheinlich in den Vordergrund rückt.

1. Gesundheitsbilder in Archaischen Hochkulturen

Unter den Archaischen Hochkulturen – China, Babylonien, Indien – finden wir eine einzigartige Epoche, deren allgemeiner Lebensstil ganz und gar auf die „Gesundheit" gerichtet war, auf den Wohlstand, das Heil. Diese Heilkunde als Gesundheitslehre hat sich in Jahrtausenden bilden können in den Lebenslehren und Heilkünsten des Alten Ägypten.

Der gesunde menschliche Körper wurde zunächst betrachtet als ein System von Gefäßen (oder auch Kanälen), die im Herzen entspringen und zu allen Gliederungen des Leibes führen, um diese organisch zu verbinden. Sie sind es, welche die Luft und die Flüssigkeiten wie Blut, Urin, Sperma befördern und schädliche Stoffe auszuscheiden vermögen. Das ägyptische Wort „metu" bedeutet dabei so viel wie „Gefäß, Sehne, Nerv". Die Versorgungs- und Ableitungsströme wurden durchweg in Analogie gesetzt zum lebensspendenden Fluten und Fallen des Nils. Es wird des öfteren betont, daß die Regulierung der Kanalisation dieses Säftestromes dem leiblichen Wohlbefinden zu dienen habe.

Als das Zentralorgan dieses Kanalsystems aber galt bei den alten Ägyptern das Herz. Konnte man doch sein Schlagen fühlen am Puls. Im „Papyrus Ebers" findet sich eine Abhandlung mit dem Titel „Das Geheimnis des Arztes: Kenntnis von der Bewegung des Herzens und Kenntnis vom Herzen". Darin heißt es: Durch Betasten des Pulses kann man jenes Herz fühlen, das „aus den Gefäßen eines jeden Gliedes spricht". Als ein Urwort begegnet uns denn auch im Alten Ägypten „das Herz", das die Sphäre des Leibes umfassend umgreift und auch wiederum übersteigt. So wurde das Herz zum tragenden Prinzip des gesunden Daseins; es wurde zum Maß der Mitte und zum Zeichen des Ausgleichs. Erwägt der Mensch nämlich seine Pläne recht, dann geht er „mit seinem Herzen zu Rate", wie auch das Herz selber immer schon weiß: „Ein tapferes Herz im Unglück ist ein guter Genosse für seinen Herrn".

Dem „Denkmal memphitischer Theologie" entnehmen wir: „Das Sehen der Augen, das Hören der Ohren, das Atmen der Nase, sie alle bringen dem Herzen Meldung. Das Herz ist es, das jede Erkenntnis hervorkommen läßt, und die Zunge ist es, die wiederholt, was vom Herzen gedacht wird. Und so werden alle Arbeiten verrichtet und alle Handwerke, das Schaffen der Hände, das Gehen der Füße, die Bewegung aller Glieder, sie alle gehen nach dem Befehl des Herzens".

Herz und Zunge bilden somit die Grundfunktionen menschlicher Existenz: „Das Herz ist es, das jedes Element erzeugt, und die Zunge ist es, die das Gedachte wiederholt". Man solle daher seinen Ohren zu hören geben, was gesagt wurde, und sein Herz daran setzen, es auch zu verstehen. Verstehen und Anteilnehmen aber kann nur der vernünftige Mensch, um sich dann mit seiner Zunge mitzuteilen. „Herz und Zunge haben Macht über alle Glieder eines gesunden Leibes".

Gesundheit des Leibes wird vielfach umschrieben als ein Leben in Jugendfrische, Leistungsfähigkeit und Genußfreudigkeit, wie folgende Texte zeigen: „Das Herz sei froh, der Nacken fest, das Auge klar, das Ohr offen zu hören, der Mund aufgetan zu antworten". Wohlbefinden kann daher nur am Leibe erfahren werden als „zu essen mit meinem Munde, zu entleeren aus meinem After, zu trinken und fähig zum Beischlaf sein". Und so wünschte man sich denn auch zum Gruß: „daß alle Körperteile vollständig seien und der Leib ganz gesund!"

In einer altägyptischen Beschwörung heißt es ganz ähnlich: „Gegeben werden deine Augen, um zu sehen, deine beiden Ohren, um zu hören. Dein Mund redet, deine Beine laufen, es drehen sich nach Belieben deine Arme und Schultern. Fett sei dein Fleisch, geschmeidig seien deine Muskeln. Du erfreust dich all deiner Körperteile. Du findest deinen Leib vollzählig, indem er ganz und wohlbehalten ist" –, einfach gesund!

Die Bilder von der Gesundheit umreißen bereits alle Normen des menschlichen Verhaltens; sie zeigen ein Leben in Jugendfrische und Leistungsfähigkeit, in Gemeinschaft mit der Familie und mit den Genossen. In der „Weisheitslehre des Ptahhotep" (um 2350 v. Chr.) lesen wir: „Wenn du angesehen bist, so gründe dir einen Hausstand und liebe deine Frau im Hause, wie es sich gehört. Fülle ihren Leib und bekleide ihren Rücken. Das Heilmittel für ihre Glieder sei das Salböl. Erfreue ihr Herz, solange sie lebt. Sie ist ein guter Acker für ihren Herrn".

Der Sonnen-Hymnus des Königs Echnaton konnte dieses gesunde Lebensgefüge besonders schön preisen, wenn es heißt: „Du setzest jeden an seine Stelle, du sorgst für seine Bedürfnisse. Ein jeder hat sein Essen, ein jeder seine Art. Geordnet und berechnet ist die Zeit seines Lebens". Und weiter wird der Sonnengott gepriesen: „Du lebendiger Aton –, wenn du herrlich und groß und glänzend und hoch über den Ländern bist, umarmen deine Strahlen die Länder bis zum Ende alles dessen, was du geschaffen hast. Du bist Ra, du führest sie alle herbei. Wenn du auch fern bist, so sind deine Strahlen doch auf Erden, und du bist angesichts ihrer bei deinen Gängen".

Daher konnte auch der Bauer seinen Gebieter anrufen: „Du mein Gebieter, du bist Ra, der Herr des Himmels, mit seinem Hofstaat. Alle Nahrung des Menschen kommt von dir gleich wie von der Flut. Du bist der Nil, der die Felder grünen macht und die dürren Fluren belebt". Der Pharao war gleichsam zum Synonym für Gesundheit geworden, und nur so konnte er heißen: „Erneuerer und Mehrer der Geburten, Ernährer der Familien, Aufrichter der Schwachen, Verjünger der Greise, Erzieher der Kinder, Befreier von Schmerzen".

Nicht von ungefähr wird auch hier wieder der Nil angesprochen, der die Felder grünen läßt und die dürren Fluren belebt. Ganz Ägypten sei ja schließlich – so hatte es Herodot formuliert – „ein Geschenk des Nils". In einem alten Papyrus steht es zu lesen: „Preis dir, o Nil, der herauskommt aus der Erde, um Ägypten zu ernähren. Der die Fluten bewässert, den Ra geschaffen hat, um alles Vieh zu ernähren. Der die Wüste tränkt, die fern vom Wasser ist. Sein Tau ist es, der vom Himmel fällt". Geht er auf, der Nil – so heißt es weiter –, „so ist das Land im Jubel, und jeder Leib ist in Freude".

Gesundheit ist hier keineswegs ein Zustand körperlichen, seelischen oder sozialen Wohlbefindens, sondern ein natürliches, höchst labiles Eingespanntsein zwischen Leben und Tod, zwischen Göttern und Tieren, zwischen Himmel und Erde. Gesundheit erscheint nicht als Konstitution, sondern eher als Disposition eines Weges und einer Verwandlung. Gesundheit existiert im dynamischen Spannungsgrad eines Zwischen, das die labile Existenz ins Gleichgewicht schwingen läßt und zur Ordnung des Lebens führt.

Als Schlüsselbild für diese Lebensordnung dient nicht von ungefähr der Begriff „Ma'at", Maß und Mitte eben als verbindliches Bild auch für Gesundheit. Diesem Maß unterliegt im kosmischen Bereich der Lauf der Gestirne, im sozialen Bezug die für die Wirtschaft so fundamentalen Auswirkungen des steigenden und fallenden Nils, in der organischen Welt die vegetative Rhythmik, im konkreten Alltag: der Rhythmus des Atmens, die Zyklik von Ernährung und Ausscheidung, das Wechselspiel von Wachen und Schlafen im kosmischen Kreislauf von Tag und Nacht und in allem eingeschlossen die Kultivierung der Affekte und Emotionen. Alles in allem war es die Ordnung des Leibes, die zum Maßstab der Gesundheit wurde.

Aus dieser allgemein verbindlichen Lebensordnung heraus repräsentierte sich dann auch der kultivierte Lebensstil des Alltags, über den vor allem die griechischen Reisenden zu berichten wußten. So berichtet Herodot: „Sie trinken aus bronzenen Bechern, die sie täglich säubern. Sie sind besonders darauf bedacht, stets frisch gewaschene Leinenkleider zu tragen". Und an anderer Stelle: „Sie versuchen nicht nur äußerlich sauber zu sein, sondern auch innerlich rein, indem sie die Eingeweide alle drei oder vier Tage mit Brechmitteln oder Klistieren entleeren".

Die ganze Lebensweise der Ägypter – so der griechische Historiker Diodorus Siculus – „war so gesund geordnet, daß man glauben konnte, sie wäre nicht von einem Gesetzgeber geschrieben, sondern von einem kundigen Arzt nach fest geordneten Gesundheitsregeln berechnet".

Gegeben und verordnet aber wurden diese Lebensregeln von einer Art Gesundheitsministerium, dessen Leiter den so aufschlußreichen wie anspruchsvollen Titel führte: „Verwalter des Hauses der Gesundheit und Vorstand des Geheimnisses der Gesundheit im Hause des Thot". Einige Interpreten vertreten die Ansicht, daß darunter auch die Gestalt eines großen Arztes zu verstehen sei, welcher den Namen „Imhotep" führte, was so viel heißt wie: „einer, der Zufriedenheit gibt".

Alle Hochkulturen aber – und so auch die des Alten Ägypten – waren mit Mächten vertraut, die dem Leben Sinn, Richtung und Orientierung zu geben vermochten. Die alten Ärzte haben immer versucht, aus angeblich zufälligen Erkenntnissen verbindliche Weltbilder zu schaffen. Alle diese primären Grunderfahrungen aber von Gesundheit und Krankheit – die in den Archaischen Kulturen zu faszinierenden Lebensstilen und Kultformen geführt hatten –, sie erhalten erstmals eine natürliche Erklärung in der griechischen Medizin des klassischen Altertums.

2. Das Gesundheitskonzept der Antike

Eine Wesenslehre vom Menschen – seiner Entstehung und Entwicklung, seinem Verhalten zum Mitmenschen und seiner Stellung in der Welt – finden wir zum ersten Male in den Weltbildern der vorsokratischen Naturphilosophie. Der Mensch galt nicht nur als die Mitte des Kosmos, sondern auch als das Maß aller Dinge dieser Welt. Als Mikrokosmos erscheint er eingebunden in die Elemente der Umwelt und vertraut mit ihren Qualitäten. In einem genuin labilen Fließgleichgewicht ist er in der Lage, seine Gesundheit zu behaupten und zu fördern.

Die ersten Bausteine zu der antiken Gesundheitslehre finden wir in den naturphilosophischen Traktaten der Vorsokratiker (Pythagoras, Thales, Heraklit, Anaximander, Empedokles). Gesundheit erscheint durchweg als „isonomia", als das Gleichgewicht der elementaren Qualitäten. Dies wird besonders bei Solon deutlich, wenn er von den Wirkungen der „eunomia" und „dysnomia" auf den Körper der Polis spricht.

War für Alkmaion von Kroton die Krankheit eine „monarchia", und damit ein absolutes Übergewicht einer der Elementarqualitäten, so bildete die Gesundheit eine „isonomia", das Gleichgewicht eben der verschiedenen Qualitäten. Es kann dabei nicht genug hervorgehoben werden, daß gerade diese scheinbar rein physiologischen Bilder der politischen Sphäre entnommen sind, im gleichen Sinne übrigens, wie auch Solons Staatstheorie von den Begriffen „eunomia" und „dysnomia" getragen war.

Bei den jonischen Naturphilosophen kommt aber auch erstmals der Gedanke von einer durchgehenden Gesetzmäßigkeit der Natur zu Wort, wobei es nicht um die bloße Beschreibung der Fakten geht, sondern um die Rechtfertigung des Wesens der Welt. Als eine „Rechtsgemeinschaft der Dinge" betrifft der Begriff „kosmos" bei Anaximander sowohl die große als auch die kleine Welt. Weltordnung und Lebensführung treten in einen Konnex, insofern die Weltnorm zum Maßstab auch der Lebensform wird. Gesundheit und Gesellschaft erscheinen in einem in sich geschlossenen dialektisch strukturierten Beziehungs-System.

Die Gesundheitslehre – als „logos" von „physis" – ist demnach nichts anderes als die Lehre von den natürlichen, normalen Lebensvorgängen im Organismus. „Physiologie" leitet ihren Namen ab von „physis", was von „phyein" gleich „wachsen" kommt und ebenso wie das lateinische „natura" auf einen organischen Charakter der Welt verweist. Das Grundbild hierfür ist die Pflanze, die sprießt, aufgeht, sich ins Offene entfaltet und zugleich sich doch wieder ins Wurzelhafte, fest Verschlossene wendet. Modell dieses Organismus ist das Gewächs, das sich ausdifferenziert, und eben nicht ein Motor, der antreibt, oder ein Organisator, der etwas einrichtet. Nach Auffassung der antiken Philosophen organisiert die „physis" sich selber zur festen Gestalt, einer „morphe", einer „materia", die bewegt wird von einer „kinesis", der „forma", und die sich in ständiger „metabole" entwickelt zu einem Wesen, das – enteleologisch – sein Ziel bereits in sich hat und austrägt.

In diesem Sinne haben alle Vorsokratiker über den „physikos logos" geschrieben. Sie wurden daher „die Physiker" (physikoi) genannt. Mit Recht konnte Aristoteles noch in seiner „Metaphysik" die jonischen Naturphilosophen „physiologoi" nennen, jene geistvollen Männer eben, die den Logos von der Physis als den ersten und allen gemeinsamen Gegenstand ihres Philosophierens betrachteten. Der Begriff „physis" umgreift dabei jene gesunde Ordnung, welche die Alten „kosmos" nannten, die so schöne Ordnung eines harmonisch durchstimmten Universums.

Während indes die Formalien dieser Naturphilosophie gleichartigen Kriterien unterliegen, überrascht uns die Vielfalt, wenn wir nunmehr den materialen Voraussetzungen und Bedingungen nachgehen. Hier tritt denn auch die Frage nach der Stofflichkeit im gesunden wie im kranken Organismus in den Vordergrund.

Auf der Suche nach einem Urstoff fanden die Naturphilosophen verschiedene Grundprinzipien, die als verantwortlich für „gesund" oder „krank" angesehen wurden. So erklärte Thales als Prinzip alles bewegten Seins das Wasser, Anaximenes die Luft (pneuma); Anaximander sah es im Unendlichen, Heraklit im feuerartigen Logos, Empedokles schließlich in einer Verbindung verschiedener Elemente, die in ausgleichender Balance zueinander stehen sollten, um zu einer Harmonie (eudaimonia) zu führen.

In Umrissen zeigt sich dieses System der „physica" bereits bei Alkmaion von Kroton (um 540 v. Chr.), wenn er über die Ursachen und Bedingungen der Gesundheit schreibt: „Die Erhaltung der Gesundheit beruht auf der Gleichstellung der Säfte, das heißt des Feuchten und Trockenen, des Kalten und des Warmen, des Bitteren und des Süßen. Die Alleinherrschaft (monarchia) einer dieser Säfte bewirkt Krankheit; denn die Alleinherrschaft je eines der Gegensätze wirkt zerstörerisch". Für Alkmaion bedeutete Gesundheit ein Leben, das sich aus sich selbst bewegt, das nichts anderes meint als die kraftvolle Bewegtheit im Gleichgewicht.

Ein Schüler des Thales – für den alles „Wasser" war –, der Arzt Hippon aus Samos, hat folgerichtig die „Gesundheiten" ableiten wollen aus dem Wesen der Feuchtigkeit. Wenn Trockenheit eintritt, muß das Lebendige unempfindlich werden und absterben. Auf diese Weise erscheint das Altern als ein Austrocknen. Die Lebensflamme leckt das feuchte Milieu, den belebenden Grund des Leibes, allmählich auf. Die Glieder werden steif, die Haut welkt, der Herbst ist eingetreten, das ausgetrocknete Blatt fällt ab.

Für Pythagoras war die Weltordnung eine einzige Harmonie, die im Makro- wie im Mikrokosmos waltet. Bei den Pythagoreern wurden allgemein die Verhältnisse der großen wie der kleinen Welt durch das Prinzip der „sympatheia" miteinander verbunden. Bei allen Entsprechungen bleibt das Modell gerichtet auf die hypothetisch angenommene Vollkommenheit des Universums. Von hier aus sollte auch der Mensch das Maß nehmen für alle biologischen Rhythmen.

Gesundheit wird in den pythagoreischen Schulen vornehmlich als ein musikalisches Phänomen gedeutet. Auch die Diätetik – als hohe Kunst der Lebensführung – ist nichts anderes als das Eingreifen mit musikalischem Takt in die schwebenden Gleichgewichtsverhältnisse des genuin labilen Leibes, der so leicht mißgestimmt ist. Man habe ihn daher immer wieder von neuem zu stimmen, wolle man seine ärztliche Aufgabe ernstnehmen. Medizin ist hier zur Proportionskunde geworden. Es war alles in allem die Zahlentheorie, über welche die Pythagoreer die vier Elemente zu einer systematischen Harmonienlehre entwickelten, die auf das das gesunde Maß zu zielen hatte, auf „Gesundheit" als „euthymia, eudaimonia, symmetria". Als verantwortliche Person sollte es der Mensch in seiner Hand haben, in bewußter Lebensführung seine Gesundheit zu bewahren.

Was schließlich beim Gesundheitskonzept der Antike auffällig in den Vordergrund rückt, ist das ärztliche Bemühen um eine kultivierte Lebensführung, die „diaita", als die rechte Lebensweise in allen Lebensbelangen des Alltags. Es ist dabei mehr als bezeichnend, daß die ursprüngliche Diätetik als medizinische Speiseordnung auf naturphilosophischer Grundlage – mit den Prinzipien der „kenosis" (Entleerung) und „plerosis" (Anfüllung) – mehr und mehr ausgeweitet wird auf eine Diätetik der übrigen Lebensbereiche, auf die Körperpflege, die Gymnastik, vor allem aber auf die Bereiche der leiblichen wie seelischen Reinigung (katharsis). Sie vermochte damit Ansprüche zu stellen auf die gesamte Lebensweise eines zu kultivierenden Alltags.

Abgesehen von einer primitiven Wundarzneikunde, die sich bereits in den homerischen Gesängen spiegelt, dürfte die ganze „techne therapeutike" von den Anfängen an sich als Diätetik im weitesten Sinne etabliert haben. Es war das urtümliche „Sich kümmern um die Lebensweise", welche die Diätetik als die allen Lebensweisen angemessene „techne therapeutike" zum Urbild und Leitbild der Heilkunst hat machen können.

Aus den verschiedenartigen Texten geht denn auch eindeutig hervor, daß die Heilkunde als Ganzes aus einem Urbedürfnis heraus entwickelt wurde – dem Bedürfnis etwa nach angemessener Ernährung – und damit auch aus der Tendenz nach richtiger, naturgemäßer Lebensweise heraus. Aus den spekulativen Erörterungen über die verschiedenen Elemente der Welt konnte jene „Natur" des Menschen abgeleitet werden, welche der klassischen Diätetik ein empirisches Fundament angeboten hatte. Aus den vielschichtigen Strömungen der vorsokratischen Periode geht aber auch hervor, daß die frühgriechische Medizin eben nicht sich als rein empirische Wissenschaft verstehen läßt, daß sie vielmehr abhängig blieb von den spekulativen Systemen der Zeit wie auch von deren gesellschaftlichen Bedingungen und Veränderungen.

Es ist dabei von größter Bedeutung, daß im 5. vorchristlichen Jahrhundert, dem Höhepunkt der jonischen Naturphilosophie in Hellas, einer der großen sozialen Umbrüche vor sich gegangen ist, der Übergang nämlich von der allgemeinen Adelsgesellschaft auf die bürgerliche Polis-Gesellschaft, die vieles an Tradition über Bord werfen mußte, um sich jene Grundlagen und Methoden zu schaffen, wie wir sie hier nur skizzieren konnten.

Der gesunde Organismus erscheint – alles in allem – als Abbild der großen harmonisch geordneten Welt, die gleicherweise als lebendiges Wesen gedacht war. Wie im Kosmos kämpfen auch im Leibe die Elemente Feuer und Wasser miteinander. Gesundheit und Krankheit bleiben abhängig von diesen Elementen (stocheia), ihren Kräften (dynameis) und deren Symmetrie (harmonia). Die Heilkunst unterstützt dabei lediglich das Streben der Natur nach Wiederherstellung ihrer Harmonie. Heilkunde ist daher nichts anderes als „hygieinou episteme", das Wissen um den gesunden Leib. Der Mikrokosmos ahmt lediglich die Bewegung des Alls nach, hält sich in konsonierten Verhältnissen und korrigiert – physiologisch wie moralisch – jede Art von Entgleisung oder Verfehlung.

Diese Physis, als das Vertrauteste von allem, erscheint dann bei Aristoteles doch wieder als das Geheimnisvollste. Gleichwohl dient sie als Ariadnefaden durch alle Labyrinthe der Künste und Wissenschaften, der Physik gleichermaßen wie der Ethik und Politik. Die Physis schafft Zwecke, aber unbewußt, so wie der Künstler sein Kunstwerk verwirklicht. Je vollkommener der Sieg der Physis über das Widerstrebende ist, desto zweckmäßiger gestaltet sich ihr Wesen.

Wir begreifen aus diesem frühen naturphilosophischen Konzept aber auch, daß und warum die Heilkunde in erster Linie und vorrangig eine Wissenschaft von der Gesundheit war und warum sie als Lehre von der Erhaltung und Wiederherstellung von Gesundheit tradiert werden konnte. Damit sind wir aber auch bereits mit Richtlinien und Leitbildern vertraut gemacht, die uns in der Heilkunst der klassischen Antike überliefert wurden als das „hippokratische Denken", einer der Höhepunkte in unserem historisch-kritischen Panorama.

3. Bilder der Gesundheit bei Hippokrates

Vor dem Einstieg in die Begriffswelt der klassischen Heilkunde der Antike sollte ich erinnern dürfen an eines der ältesten und dauerhaftesten Dokumente der Alten Medizin, das uns überliefert wurde als „Eid des Hippokrates". Da schwören die Ärzte – aller Völker und Zeiten – zunächst und zuoberst bei Apollon, dem lichten Heilgott, und verpflichten sich damit allein schon einem höheren Bezugssystem, als es die Wissenschaft sein kann. Sie geloben weiter bei Asklepios, dem Sohn des Apoll, dessen Schlangenstab die Ärzte noch alle in ihrem Wappen tragen. Dann aber kommt der entscheidende Passus: Die jungen Ärzte rufen nämlich als Zeugen an die beiden heilenden Töchter des Asklepios: Panakeia, die Göttin der Krankenversorgung und der Heilmittel, und Hygiea, die Göttin der Gesundheit.

Die modernen, die aufgeklärten Jünger des Äskulap, sie wissen sich zwar alle noch verpflichtet der Panakeia, der Göttin der Apparate und Rezepte, der Schutzpatronin der Pharmaindustrie, aber sie haben mehr und mehr verdrängt und schon arg vernachlässigt ihre ebenso heilkundige wie heilsame Schwester, die Hygiea, die Patronin der Gesundheit und der Gesundheitsbildung. Beide zusammen aber, die „Curativa" und die „Defensiva", Krankenversorgung und Gesundheitssicherung, beide im Gleichgewicht prägen das Profil einer wahren Heilkunde.

Es soll an dieser Stelle nicht weiter ausgeführt werden, welchen Stellenwert der „Eid des Hippokrates" in der antiken Medizin oder auch nur im „Corpus Hippocraticum" einzunehmen hat. Auch interessiert hier in erster Linie das Schriftengut des Hippokrates im Ganzen, wobei uns „Hippokrates" weniger als historische Figur denn als Symbol für die klassische Heilkunde der Antike zu dienen hat.

Was wir indes in den Hippokratischen Schriften finden, sind erstaunlich konkrete und vernünftige Ausführungen über jene „Natur" des Menschen, die so unmittelbar abhängt vom Essen und Trinken, von Übung und Entspannung, von Alter und Geschlecht. Wir erfahren dabei auch sehr detaillierte Einzelheiten über die Umwelt als solche: die einzelnen Gegenden, die Jahreszeiten, die Windverhältnisse, die Wohnungen, das Klima, kurzum – die Bildung des Leibes im Rhythmus des Alltags.

Alle Natur (physis) ist nach Hippokrates erfüllt mit göttlichem Leben. Der Mensch steht als belebtes Glied mitten in diesem numinosen Kosmos. Nur deshalb konnte Hippokrates in seiner Schrift über die Epilepsie sagen, daß diese „heilige Krankheit" nicht göttlicher sei als das übrige Leben und Leiden, da sie alle im Ganzen einer Natur, im Kontakt mit der Mitwelt und im Umgang mit der Umwelt erklärt werden müßten. Die Natur soll es dabei sein, die beim Versagen des Organismus immer neue Mittel weiß und immer neue Wege findet, um die verlorene Gesundheit wiederherzustellen. Heilkunst beruht auf einer Proportionskunde, die selbst die Dissonanzen noch einzusetzen weiß für die Kunst stimmiger Lebensführung.

In der hippokratischen Schrift „Die Natur des Menschen" werden die Ursachen von gesund und krank zunächst in der Konstellation der Säfte gesehen: „Der Körper des Menschen hat in sich Blut und Schleim, gelbe und schwarze Galle, und das ist die Natur seines Körpers, und dadurch hat er Schmerzen oder ist gesund. Am gesündesten aber ist er, wenn diese Säfte im richtigen Verhältnis ihrer Kräfte und Qualitäten zueinander stehen und am besten gemischt sind". Dieses gleichgewichtige System der Säfte erfordert aber auch eine treibende Kraft, die im innewohnenden Feuer (emphyton thermon) gesehen wird. Es wird in Analogie gesetzt zur naturhaften Feuerkraft der Sonne, aber auch zum kultischen „heiligen Feuer" als der Quelle allen Lebens, der Quelle auch der Regulierung der gestörten Gleichgewichte.

Innerhalb der Harmonie der Säfte und Kräfte können aber nicht nur die Umwelteinflüsse als Störfaktoren auftreten, sondern auch alle individuellen Gegebenheiten wie Alter, Geschlecht, Gymnastik, Nahrungsaufnahme und Lebensgewohnheiten. Auf der anderen Seite lassen sich aber auch durch die individuelle Lebensführung (diaita) alle Störungen wiederum weitgehend ausgleichen.

Dieser wahrhaft elementare Zusammenhang und Zusammenhalt findet seinen klassischen Ausdruck in dem Schema von den vier Elementen.

Den vier Elementen der jonischen Naturphilosophie entsprechen demnach die vier Körpersäfte mit ihren vier Qualitäten. Deren gleichmäßige Mischung (eukrasia) bedeutet Gesundheit, die fehlerhafte Mischung (dyskrasia) Krankheit. Als Gleichmaß der natürlichen Körpervermögen hatte schon Alkmaion von Kroton die Gesundheit definiert. Gesund und krank aber stehen im vollen Kontext mit der Physis, in einem harmonischen Fließgleichgewicht, das jedoch ständig entgleist, daher stetig rehabilitiert sein will.

Als die tätige Triebfeder im All wird Physis dann auch zum Ausgangspunkt für soziale Bezugsfelder, für Erziehung (paideia), Lebensführung (diaita) und Heilkunst (therapeia). In Ordnung gebracht aber wird der leibhaftige Haushalt durch die Harmonisierung der Elemente Feuer und Wasser, durch die rechte Vermischung von Warmem und Trockenem, Kaltem und Feuchtem, durch das geregelte Aufbauen und Absondern der Körpersäfte, die wiederum in einer Entsprechung zum Wechsel im Kreislauf der Natur stehen. Unser Organismus ist demnach nichts anderes als eine

Elementen-Schema

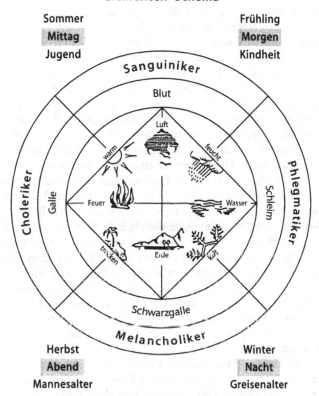

Sommer · Mittag · Jugend

Frühling · Morgen · Kindheit

Sanguiniker

Blut · Luft · warm · feucht

Choleriker · Galle · Feuer · Wasser · Schleim · Phlegmatiker

trocken · Erde · Schwarzgalle

Melancholiker

Herbst · Abend · Mannesalter

Winter · Nacht · Greisenalter

Nachahmung des Alls, wobei wir im Sichtbaren das Unsichtbare zu schauen lernen sollten.

Der „logos" von der „physis" aber zielt im „Corpus Hippocraticum" immer nur auf konkret leibhaftige Gegebenheiten: auf Zeugen, Wachsen, Reifen, aber auch „von Natur da sein", auf das Wesen also, das Naturell, den Naturdrang. Und so konstituiert sich auch die Natur des Menschen aus den vier Säften, Qualitäten und Temperamenten (res naturales). Der Arzt hat sich dieser Natur nur zu bedienen; er ist der Steuermann (kybernetes), der einem labilen Gleichgewicht die Richtung verleiht und die Ökonomie garantiert.

Gerade als ein Diener der Natur (medicus minister naturae) kann der Arzt dann auch zum Meister des Nomos werden. In der hippokratischen Schrift „Die Regelung der Lebensweise" heißt es: „Der Brauch und die Natur stimmen nicht miteinander überein und können doch übereinstimmend gemacht werden". In der dialektischen Spannung zwischen Nomos und Physis bleibt auch die Gesundheit des Leibes nie bloße Natur allein, ist vielmehr immer auch eine humane Leistung. Für dieses Leistungsfeld humaner Lebensführung und Daseinsstilisierung aber standen dem Arzt die sogenannten „res non naturales" zur Verfügung.

Im übertragenen Sinn umfaßt „physis" neben dem natürlichen und ethischen Charakter eines Wesens dann auch die geistige Gestalt einer Landschaft, eines Volkes; sie prägt seine sittliche Struktur und seine besonderen Fähigkeiten, seine Art und Weise, sein Wesen. „Physis" wird damit zum Grundbegriff einer allgemeinen Ordnung und inneren Gesetzmäßigkeit, der Natur einer Sache.

Daß die antike Diätetik es nicht allein mit Essen und Trinken zu tun hat, sondern mit der gesamten Lebenswelt des Menschen, das begreift man sofort, wenn man einen Blick in die hippokratische Schrift „Von der Umwelt" wirft. Da heißt es über Luft-, Wasser- und Ortsverhältnisse: „Wer der Heilkunst in rechter Weise seine Aufmerksamkeit schenken will, muß folgendes tun: Zunächst muß er im Hinblick auf die Jahreszeiten bedenken, was jede einzelne bewirken kann; denn sie gleichen einander in keiner Weise, sondern unterscheiden sich sehr, sowohl voneinander als auch in ihrem jeweiligen Wechsel. Ferner muß er die Winde in seine Betrachtung einbeziehen, die warmen und die kalten, besonders die bei allen Menschen gemeinsamen, dann aber auch die in jedem Land heimischen. Man muß aber auch die Wirkungen der Gewässer bedenken; denn wie sie sich im Mund und auf der Waage unterscheiden, so ist auch die Wirkung jedes einzelnen sehr verschieden".

Zu bedenken gegeben werden dann ausführlich die Wohnanlagen, der Erdboden, die Lebensweise der Menschen. In gleicher Weise verwendet Hippokrates dann auch soziale Modelle für die „techne therapeutike", da alle Betätigungen (technai) Verwandtschaft hätten mit der menschlichen Natur. „So fertigen die Bildhauer aus Wasser und Erde, indem sie das Feuchte trocken und das Trockene feucht machen. Sie nehmen weg von dort, wo zu viel ist und setzen dort zu, wo etwas fehlt, indem sie das Werk vom Kleinsten zum Größten zunehmen lassen. Ebenso geht es auch zu beim Menschen". Und so üben auch die Handwerker ihre Künste aus, die der menschlichen Natur so ähnlich sind.

Es ist immer wieder die Natur, die sich in der ärztlichen Kunst auswirkt und dabei das Wesen eines Dinges entwickelt, so wie Phidias aus dem Marmorblock eine Bildsäule entwickelt und bildet. Hippokrates jedenfalls war der festen Meinung, daß man nicht nur über die Natur des Menschen, sondern auch über seine Kultivierung auf keinem anderen Wege zu exakten Erkenntnissen kommen könne als über die Heilkunst. Die Medizin gewann damit auch für andere Disziplinen einen normativen Charakter, nicht nur für die Pädagogik, sondern auch für die Rhetorik, die Ethik und die Staatskunst.

Nicht von ungefähr hat Werner Jaeger – in seiner „Paideia" – in diesem medizinisch instruierten Konzept den klassischen Kanon von Bildung überhaupt gesehen. Der Arzt erscheint hier nicht nur als „Träger eines speziellen Wissens von hoher methodischer Verfeinerung", sondern auch als die „Verkörperung eines Berufsethos, das für die Beziehung des Wissens auf ein praktisch-ethisches Ziel beispielgebend" wurde. Was mit der musisch-gymnastischen Bildung bewirkt worden sei, das sei – so Jaeger – nicht weniger als der bewußte „Aufbau des menschlichen Lebens" überhaupt. Als Modell für das Wissen um Bildung und Tugend konnte die ärztliche Kunst mühelos in die Philosophische Anthropologie eingegliedert werden.

Aus den griechischen Grundbegriffen allein schon ließe sich ein Bildungskonzept ermitteln, das auch der Dimension einer Medizin als Gesundheitswissenschaft Richtung und Maß verleihen konnte. Alle Bildung geht hier aus von der „physis", der Natur, und sie zielt auf den „nomos", die Regelung einer gesitteten Lebensweise. Sie bleibt ausgerichtet auf den „kosmos", die Wohlgeordnetheit aller Dinge, wie auch auf den „oikos", die Pflegschaft einer geselligen Hausordnung. Geleitet wird sie von den

Prinzipien der „mesotes", von Mitte und Maß, und der „arete", der Tugend, dem Taugen. Das Ganze aber unterliegt dem Konsens eines „ethos", einer alle verpflichtenden Verbindlichkeit, und prägt damit – alles in allem – auch die Wesenssubstanz jeder Art von „paideia", von Erziehung und Bildung. Aus diesem wahrhaft apollinischen Geiste heraus versteht sich erst der Grundsatz des Hippokrates: „Wohlgetan ist es, die Gesunden zu führen".

Gesundheit wie Krankheit richten sich in dieser „klassischen" Medizin aus auf ein universelles, kosmisch wie biologisch gesteuertes Gleichgewichtssystem, ein Fließgleichgewicht der Elemente und Säfte, der Qualitäten und Temperamente, die alle zwischen den Grenzphänomenen von „sanitas" und „aegritudo" einen mittleren Spielraum freilassen, eine eigene pathognomonische Kategorie, die später von Galen als „neutralitas" bezeichnet wurde. Diese kosmologisch orientierte und anthropologisch fundierte Konzeption von „gesund" und „krank" zieht sich wie ein roter Faden durch die Geschichte der Medizin. Sie begleitet die paradigmatischen Umbrüche heilkundlicher Konzepte durch die Jahrhunderte, und sie rückte zu allen Zeiten in den Horizont gesundheitspolitischer Planungen, wie das folgende „System der Heilkunde" aufzuzeigen versucht.

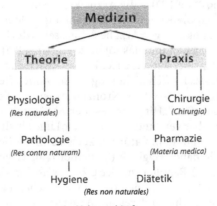

4. Gesundheitsbilder in den Sokratischen Dialogen

Wie für Hippokrates, so war auch für Platon die Medizin in erster Linie „Gesundheitslehre" (hygieinou episteme); sie war damit aber auch ein Teilgebiet der Philosophie. Philosophie aber war in den Sokratischen Dialogen weniger die Lehre einer abstrakten Theorie, der „Ideenlehre" etwa, als vielmehr Lebenskunst (ars vivendi), jene Kunst eben, wie man zu leben weiß und zu sterben versteht. Was wir vorfinden, ist ein elementares Ordnungswissen, wie es jede Art von Tugend zeigt, die als Gut-sein lehrbar ist. Und so heißen die Ärzte denn auch bei Platon (Theaitetos,167 B) „sophoi kata somata", Bescheidwissende in bezug auf den Leib des Menschen, mit der Aufgabe, einem Leidenden (poneiros) zu verhelfen zu einem, der gut drauf ist (chrestos) und damit gesund.

In diesem Konzept – unter dem Primat der praktischen Vernunft – finden wir auch hier wieder alle Grundbegriffe des sokratischen Denkens, die uns zum Leit-faden der Thematik geworden sind: angefangen von der „physis", die von Natur aus aus ist auf „nomos", die Bildung, ausgerichtet auf den „kosmos", die Wohlgeordnet-heit aller Dinge, und auf den „oikos", die Pflegschaft einer Hausordnung, geleitet von „mesotes", der Mitte, und von „arete", der Tugend, insgesamt im Konsens eines „ethos" und zu realisieren durch die „paideia".

Mit diesem leibhaftigen Bildungsprogramm, das gerichtet ist auf das Wahre, Gute, Schöne (kalos k'agathos), sind wir wiederum auf den Kernbegriff des medizi-nischen Denkens gestoßen, den ich nun im sokratischen Geiste näher beleuchten sollte, auf den Begriff der Gesundheit nämlich, besser: auf das Bild von Gesundheit, noch deutlicher: die Bildung zum Gesund-Sein.

Heilkunst im sokratischen Sinne wäre zunächst einmal die Kunst, den Menschen – so bewußt wie gekonnt – gesund zu erhalten. Was für ein Werk sollte auch – fragt Sokrates im „Euthydemos" (291 D) – die Arzneikunst zuwege bringen, wenn nicht die Gesundheit? Und auch die Risiken der Erkrankung möchte man lieber mit ei-nem kundigen als einem unkundigen Arzt bestehen; sei es doch gerade hier die Ein-sicht, die vor Fehlgriffen schützt und das Richtige ergreifen läßt (280 A).

Gesundheit verschaffen aber kann die Heilkunst – „nach den Regeln der Kunst" – mittels Arznei und Diät, was freilich nicht möglich sei, ohne „die Natur des Ganzen" zu berücksichtigen (Phaidros, 270 C). Als Kronzeuge dient an dieser wichtigen Phai-dros-Stelle nicht von ungefähr „Hippokrates, der Abkömmling der Asklepiaden". Der hippokratische Arzt aber verstand sich in erster Linie als Hüter der Gesundheit, als der „Hirte des Seins", und dann natürlich auch als Helfer bei Krankheiten. Vor-nehmlich war Heilkunde daher Hygiene (hygieinon), ihr Gegenstand die Lebens-ordnung im Ganzen (diaita), Regulierung der Lebensweise im Rhythmus des Alltags.

Auch die im hippokratischen Denken erstmals erscheinende Metaphorik der Krankheitsstadien, sie ist nichts anderes als Wegweisung zum Gesundsein, so die Zunahme (auxis) wie die Abnahme (phthisis), die Veränderung (metabole) wie die Lösung (krisis). Alles Wachsen und Welken, sie sind nur Wege zur Isosomie, zur Homöostase des gesunden Gleichgewichts. Besitzt doch der Leib in seiner so groß-artigen Binnenökonomik – wenn wir dem „Timaios" folgen – einen ihm eigenen Kosmos, das eben, was wir Gesundheit nennen (82 E). Ins Gleichgewicht aber brin-gen ihn Spiel und Sport und Baden sowie jede Bewegung, die sich die Verhältnisse im Weltganzen zum Vorbild nimmt, wobei abermals die Medikation der Regelung der Lebensweise untergeordnet wird (88 A–89 D).

In diesem geistigen Verständnis erscheinen beide, Körper wie Seele, gleichsam plastisch, plastizierbar, und so der Formung und Bildung zugänglich, und zwar bei-de ineins, eines nicht ohne das andere, wenngleich ihrer Art nach schon verschie-den. Und es hieße den sokratischen Geist arg verkürzen, würde man aus solcher Po-larität eine Dualität machen oder gar einen Körper als „Grab der Seele". Leib und Seele sind nur die beiden polaren Aspekte der *einen* menschlichen Natur. Das „Soma-sema-Schema" jedenfalls wird von Sokrates lediglich ironisiert und stark in Zweifel gezogen.

Hier geht es eher um die Symmetrie der Teile, der Aspekte, um jene Harmonie, deren Leitbild wiederum Apollon ist, der lichte Heilgott, und deren vitaler Ausdruck der Rhythmus ist, die Ordnung in lebendiger Bewegtheit. Ziel kann immer nur sein, wonach der ganze Mensch seiner vollen Natur nach fähig ist, nämlich: die „arete" als Gesundheit, als Kraft wie auch Besonnenheit, Mut und Maß, als Klugheit und Gerechtigkeit, als das Gute, das Heilsame.

Grundlage solcher Tugend ist die durchaus physiologisch zu verstehende Enkratie (enkrateia), die Selbstbeherrschung und Selbstverwirklichung, die man nur durch stete Übung und Kontrolle erhält (askesis). Es ist diese innere Selbstherrschaft, die den Menschen frei macht (autonomos), nicht im Sinne einer egozentrischen Autarkie, einer Gemeinsamkeit vielmehr, die sich äußert im freundlichen Umgang, im erotischen Fluidum einer freien Sozietät, im pädagogischen Eros, in der Freundschaft als solcher.

Gesundheit erscheint in diesen Dialogen keineswegs als Resultat biologischer Strukturen und Funktionen, sondern eher als Teil einer aufgegebenen Situation mit dem Ziel einer Entscheidung in Verantwortung. Und so ist ja auch die Tugend nach Sokrates kein Zustand sittlicher Verfassung, sondern eher eine Haltung, ein Vermögen zur Freiheit, ein durch und durch liberaler Habitus. Das gilt für die Symmetrie von Leib und Seele, das gilt für das Individuum wie für die Polis. Wobei wir immer auch den sozialen Hintergrund der Zeit im Auge behalten sollten: den oft so dramatischen Übergang nämlich von der altgriechischen Adelsgesellschaft in die damals heraufkommende bürgerliche Polis-Gesellschaft.

Nicht übersehen sollten wir aber auch, daß – wie es im „Staat" (341 E) heißt – die Heilkunst erfunden sei, weil nun einmal unser Leib von Natur aus mangelhaft sei, „und es ihm nicht genügt, bloß Leib zu sein. Um nun das ihm Zuträgliche zu verschaffen, dazu ist die Kunst da". Nicht von ungefähr erhält im „Staat" (342 D) der Arzt den Titel „Regierer der Leiber". Immer wieder führt Sokrates – wie später auch Aristoteles – als Beispiel für sein Programm die Heilkunst an, jene Heilkunde, in der man erfährt, wie und wo man sich um den Leib zu kümmern hat, um zu einer Regulierung gesunder Verhältnisse zu kommen.

Darüber hinaus will Sokrates aber auch von den Ärzten in erster Linie gelernt haben, wie man Theorie mit Praxis zu verbinden vermöge, und dies ist ja bei ihm das Entscheidende! Beim Übergang von der Theorie auf die Praxis kommt jene Urerfahrung besonders eindringlich zum Ausdruck, daß der Mensch zur Erhaltung seines leiblichen wie seelischen Gleichgewichts auf etwas Äußerliches einfach angewiesen sei: auf die Luft, die Nahrung, die Bewegung, die Emotionen, Urbedürfnisse, bei denen wir freilich nur zu leicht über die Stränge schlagen. Und so hat ja auch Sokrates – in seinem berühmten „Traktat über den Wein" – gerade die jungen Leute gewarnt vor Sauflust und Trunkenheit.

Dann allerdings heißt es mit erfrischender Nüchternheit weiter: „Tritt einer aber in die vierziger Jahre, dann soll er, nachdem er zuvor bei gemeinschaftlichem Mahle sich wacker gelabt, neben den anderen Göttern, die er herbeiruft, namentlich auch den Dionysos einladen zum heiteren Fest der Alten. Dionysos hat ja den Menschen als heilsames Mittel gegen den finsteren Ernst des Greisentums die Gabe des Weines geschenkt, so daß wir wieder jung werden, alle Schwermut vergessen und milder werden, wie auch das Eisen sich erweicht, wenn man es ins Feuer legt und also geschmeidiger und bildsamer wird" (Nomoi, 666 B/C).

Es kommt eben alles ganz darauf an! „Und so ist auch die Heilkunst, um es mit einem Worte zu sagen, die Kenntnis der Liebesregungen des Körpers in bezug auf Anfüllung und Ausleerung, und wer in diesen Dingen die rechte und die falsche Liebe zu unterscheiden weiß, der ist auch der beste Arzneikundige" – und nur, wer hier herzhaft zu regulieren versteht, der – so lesen wir weiter im „Gastmahl" (186 D) – „dürfte der rechte Heilkünstler sein".

Auch das ist natürlich Maieutik, Geburtshilfe, ist die hohe Kunst, das Ganze insgesamt Gestalt werden zu lassen, sein Selbst zu entbinden, zu werden, der man sein soll, nämlich ebenmäßig und schön (en symmetria te kai kallei). Und so bleibt ja auch „paideia" im sokratischen Sinne selbstverständlich Bildung im Geiste einer lebenslangen Daseinsgestaltung. Zur Bildung ist der Mensch gleichsam geboren. Seine Natur ist – von Natur aus – aus auf Kultur. Und so ist es nach Sokrates der Schönheit allein auch zugefallen, „das am meisten sich Zeigende zu sein und das am meisten Liebenswerte zugleich". Hier wird eine Leidenschaft wach, die nicht gestillt werden kann, wird eine Frage laut, auf die wir keine Antwort wissen. Und so bleibt auch der philosophisch gebildete Arzt nur ein Liebhaber der Weisheit, keinesfalls aber Besitzer der Wahrheit.

Was uns aus diesem sokratischen Geist heraus mehr und mehr ins Bewußtsein kommt, das ist die Wende von der bloßen Erforschung der elementaren Natur (physis) zum Studium jener sittlichen Lebensführung (diaita), die der Kern der antiken Heilkunst werden sollte, einer Medizin als Handlungswissenschaft, die stets das gesunde Leben im Auge behält.

Gegen das bloße Wissen, auch Tugend-Wissen, hat kein Geringerer als Aristoteles – und wieder mit Wendung auf die Heilkunst – eingewandt: „Wir wollen ja nicht wissen, was Tapferkeit ist, sondern wollen tapfer sein … genau so, wie wir auch lieber gesund sein wollen als erkennen, was Gesundsein ist, und uns lieber wohlfühlen wollen als wissen, was dies ist" (Eudem. Eth. I 5, 1216 b).

Sokratischer Geist wäre demnach die Formung des Plastizierbaren, wäre Anthropoplastik, Erziehung als stetige Stabilisierung des so labilen Fließgleichgewichts, der Gestaltung eines Kunstwerks vergleichbar. Nur so kann man von einer Gesundheitsbildung sprechen, die sich äußert in anwendbaren Lebensregeln (kanones), wie auch in stetiger Übung (askesis), um jeweils das Beste (to beltiston) aus seinem Leben herauszuholen.

Bei den jeweils angedeuteten Anwendungsbereichen aber handelte es sich auch hier schon in Ansätzen um die kanonischen Lebensmuster der klassischen Diätetik, nämlich – 1. – um den gebildeten Umgang mit der Natur da draußen, angepaßt an Licht, Luft, Wasser, Wärme, um die kultivierte Atmosphäre also und die Bildung eines Sensoriums für Wohnung, Kleidung, Körperpflege. Es ging – 2. – um die Kultivierung von Speise und Trank, den Einbau der Lebensmittel in einem zu zivilisierenden Alltag mit all seinen natürlichen, sozialen und auch religiösen Aspekten. Es handelte sich – 3. – um das Gleichgewicht von Bewegung und Ruhe, von Anspannung und Erholung, um die Rhythmisierung auch der Mußezeiten. Zu berücksichtigen blieb – 4. – die Kultivierung der Nachtruhe, die Beachtung des Schlafes und der Träume, die Anpassung an alle Grade des Wachseins im kosmischen Wechselspiel von Tag und Nacht. Es handelte sich – 5. – um das Gleichgewicht im Stoffwechselhaushalt mit einer Regulierung des Verdauungssystems (kenosis), vor allem auch um die Ökonomie des Sexuallebens, und dies wiederum angepaßt an alle Lebensalter. Und - 6. - und nicht zuletzt ging es um die Kultivierung der Emotionen und Affekte, um die Konfliktbewältigung (katharsis) zur Stabilisierung des seelischen Gleichgewichts, um die Kunst also des gebildeten Umgangs mit sich selbst und mit anderen.

Als Modell für diesen umfassenden Bildungsauftrags diente die Medizin als „techne iatrike" mit der Kompetenz einer durchgehenden Stilisierung des Alltags. Die Strategien dieser Daseinsstilisierung erwiesen sich letztlich als ein pädagogisch-maieutisches Programm. Das Wesen dieser „techne therapeutike" war denn auch weniger ein Herstellen als ein Wiederherstellen, der Bildung nämlich des gesunden Gleichgewichts unserer leiblichen Verfassung. Hier in der Tat ist „physis" zur Basis jeder Bildung geworden.

Wir sind uns dessen wohl bewußt, daß Sokrates es war, der die Philosophie vom Himmel geholt und in den konkreten Alltag gebracht hat, der sie dort heimisch werden ließ. Dabei sollte es gleichwohl keine Philosophie der Hausmittelchen werden, keine „Küchenphilosophie" also, sondern eher die säkulare Wendung von einer bloßen Naturphilosophie - über die sophistische Anthropozentrik hinaus - zu einer wahren Anthropoplastik. Nicht umsonst war sein Vater Sophronikos ein Bildhauer, des Sokrates Mutter Phainerete aber eine Hebamme!

5. Das Gesundheits-Programm bei Galen

Das große Verdienst, die klassischen Grundlagen einer gesunden Lebensführung zu einem therapeutischen Programm gemacht zu haben, das als klassische Gesundheitslehre über viele Jahrhunderte tradiert wurde, gebührt zweifellos dem Galenos, dem großen griechischen Arzt der römischen Kaiserzeit, der 129 zu Pergamon geboren wurde und 199 in Rom verstarb.

Galens „Hygiene" (Peri diaites hygieines) - dem Mittelalter geläufig als „De sanitate tuenda" - erklärt zunächst einmal, warum es zwar nur *eine* Wissenschaft vom Menschen gebe, daß diese aber zwei eminente Teilgebiete habe, nämlich die Gesundheitspflege und die Heilkunst. Beide Wege hätten eine gemeinsame Grundlage der Forschung, da Gesundheit ein Gleichgewichtszustand, Krankheit aber ein Gleichgewichtsverlust der gleichen Substanz sei. Da aber die Gesundheit vor der Krankheit komme, habe ein Arzt zunächst darauf zu achten, sie zu bewahren, um dann auch die Krankheiten fachkundig zu beseitigen.

„Wir haben zu zeigen versucht" - schreibt Galen -, „daß die Gesundheit eine Art Gleichgewichtszustand des Kalten und Warmen, Trockenen und Feuchten ist, für die Organe aber, daß sie zustandekommt aus der Verbindung der einheitlichen Grundgebilde nach ihrer Art, Menge und Gestaltung. Ein Mann, der imstande ist, diesen Zustand zu erhalten, wird ein guter Gesundheitsbewahrer sein. Er kann sie bewahren, wenn er zuerst alle Möglichkeiten erforscht, durch die sie verdorben wird".

Nach dieser schlichten Präambel wird das Programm nun detaillierter ausgeführt: „Da die Gesundheit ein Gleichgewicht ist, dies aber auf zwei Weisen erreicht und beschrieben wird, einerseits nämlich als zur Höhe gelangtes und wirkliches Gleichgewicht, andererseits aber als in seiner Genauigkeit um ein weniges schwankendes, so muß auch das gesundheitliche Gleichgewicht zweierlei Art haben. Einerseits sicher, gut vollendet und auf der Höhe, andererseits in ihm schwankend, aber nicht in solchem Maße, daß das Lebewesen darunter leidet... Und so ist die Gesundheit nach den jeweiligen Schulrichtungen eine Art Gleichgewicht, jedoch meiner Meinung nach die Harmonie des Feuchten und Trockenen, Warmen und Kalten, nach der Meinung anderer aber das Gleichgewicht der Bewegungen in den Körperkanälen, nach anderen wiederum der Atome oder des Unteilbaren oder sonstiger Urelemente. Nach jeder Anschauung aber beschäftigen wir uns mit den Organen durch das in ihnen ruhende Gleichgewicht".

Aus der vielschichtigen Argumentation ergibt sich der Schluß: „Wir alle brauchen die Gesundheit für die lebenswichtigen Betätigungen, welche die Krankheiten entweder behindern, verkürzen oder überhaupt beseitigen und darüber hinaus noch der Ungestörtheit wegen. Denn bei Schmerzen sind wir nicht wenig behindert. Den Zustand aber, in dem wir weder Schmerzen leiden noch im Gebrauch der Lebenskräfte behindert werden, nennen wir Gesundheit".

Im System der Medizin spielt nach Galen zweifellos – wie diese Texte exemplarisch zeigen – die Gesundheitslehre die erste Rolle. In seinem System werden aber auch erstmals die Grundbegriffe der jonischen Naturphilosophie (kosmos, physis, nomos) über die hippokratische Säftelehre (eukrasia, dyskrasia) mit der aristotelischen Ethik (mesotes) verknüpft. Logik, Physik und Ethik bilden von nun an – und über die Jahrhunderte hinweg – eine natürliche Basis der Heilkunde, die gleicherweise eine Theorie der Gesundheit darstellt wie auch eine Lehre von den Krankheiten.

Mit dem Leitbild der Natur, dem „logos" von der „physis", sind nun auch der therapeutischen Aufgabe ganz klare Wege gewiesen: „Die Kunst der Ärzte befreit lediglich von dem, was schmerzlich ist und gibt dadurch, daß sie das Krankmachende beseitigt, die Gesundheit wieder. Dasselbe versteht auch die Natur – von keinem belehrt, dennoch stets das Gemäße wirkend – rein aus sich selbst heraus zu schaffen". Die Natur wirkt sich demnach nur aus in der Kunst und entwickelt daraus das Wesen eines Dinges so wie Phidias aus dem Marmorblock seine Bildnisse entwickelt und bildet.

Mit großer Energie hat Galen daher – in seiner Schrift „De sanitate tuenda" – die Medizin definiert als „die Wissenschaft vom Kranken *und* vom Gesunden", wobei ihm der systematische Gesundheitsschutz wichtiger erscheint als eine noch so optimale Krankenversorgung. Gerade in den sich stetig verändernden und bedrängenden Bedingungen unserer Umwelt sieht Galen aber auch wieder die heilsamen Ursachen: „Die eine finden wir aus der Berührung mit der uns umgebenden Luft, die andere im Wechsel von Bewegung und Ruhe, eine dritte im Rhythmus von Schlafen und Wachen, eine vierte aus der Nahrung, die fünfte aus den Ausscheidungen und eine sechste schließlich aus den seelischen Affekten". Damit sind bereits expressis verbis jene berühmten „sex res non naturales" formuliert, die in der arabischen und lateinischen Scholastik als „Regimina sanitatis" den zivilisierten Lebensstil zu prägen vermochten.

Wir begreifen aus den Galenischen Programmpunkten aber auch, daß und warum die Heilkunde in erster Linie und vorrangig eine Wissenschaft von der Gesundheit war. Gymnastik und Musik galten dabei als die beiden Säulen einer ganzheitlichen Lebensführung. Aus einer derart umfassenden Anthropologie erst konnte die „diaita" – die Lebensordnung als Maß der Lebensführung – aufgebaut werden. Die klassische Diätetik geht eben aus von jener Natur (physis), die immer auf Bildung (nomos) aus ist, ausgerichtet auf die Wohlgeordnetheit aller Dinge (kosmos) in einer Pflegschaft der Hausordnung (oikos), geleitet von Mitte und Maß (mesotes) und im Konsens eines „ethos", eines allgemein verbindlichen Lebensstils.

Gerade in seiner Schrift „De sanitate tuenda" hat Galen sich zu seinem Gesundheitsprogramm sehr konkret – wenn oft auch zu weitschweifig – geäußert, wenn er ausführt: „Die bewährtesten Ärzte haben vier Unterschiede auf dem Gebiet der Gesundheitspflege festgelegt: was eingeführt wird, was getan werden muß, was entleert werden soll und was von außen einwirkt. Was eingeführt wird, ist Speise und Trank sowie die verschiedenen Heilmittel, die einzunehmen sind, ferner die eingeatmete Luft. Was von uns getan wird, ist Spaziergang, Fahren, Reiten, Massage und jede Bewegung. In dieser Art von Einwirkung werden auch Wachen und Schlafen sowie der Geschlechtsgenuß eingerechnet. Die äußeren Einwirkungen sind zunächst die Luft, die um uns ist, ferner alles das, was beim Baden, Salben und Ringen im Staub auf die Haut einwirkt, schließlich manches Heilmittel oder auch die warmen Quellen. Das gleiche gilt nun auch für die entleerenden Wirkungen".

Aus der natürlichen Anlage des Menschen ergibt sich aber auch, daß die physiologische Konstitution immer verschiedene Grade und Modalitäten aufweist, die Galen als natürliche Beschaffenheit (kataskene) bezeichnet, als „constitutio" oder „dispositio", als Bereitschaft (diathesis), die schließlich übergeht in das individuelle Erscheinungsbild (schesis), den Habitus eines Menschen. Bei diesem labilen Spiel der Qualitäten innerhalb der Kardinalsäfte kommt es nur zu leicht zu einem Überwiegen dieser oder jener Primärqualität oder aber auch durch fehlerhafte Kombination zu einer allgemeinen Dyskrasie, ohne daß daraus nun gleich ein krankhafter Zustand erfolgt.

Mit großem Bedacht hat Galen daher zwischen die Grenzzustände von Gesundheit und Krankheit eine dritte, mittlere Kategorie eingebaut (neutralitas), ein labiles, zu relativierendes Übergangsfeld (ne utrum), das wir als kritische Situation erleben und das der Arzt mit seiner Lebensführung (hygieine) zu kultivieren hat. Danach leben wir alle normalerweise in einem Brachland des Zwischen.

Die Natur tritt uns in dieser Welt des Zwischen aber auch niemals als eine reine Kraft auf. Wir erleben sie vielmehr in einem bereits kultivierten Zustand und begegnen ihr jeweils mit einem Universum von Regeln. Auch insofern hat neben die Heilkunst im traditionellen Sinne eine eigene, eigenständige Gesundheitslehre zu treten. Heilkunst wird Lebenskunde. Medizin braucht Kultur, mehr noch: Sie bietet die einzig mögliche, die wissenschaftliche Chance für eine physiologisch zu begründende kultivierte Gesellschaft.

Galen hat dabei sehr bewußt versucht, mit den Naturgesetzlichkeiten die kulturellen Bedingungen in eine mögliche Übereinstimmung zu bringen. „Wenn aber gewisse Philosophen meinen, alle Menschen seien fähig, die Tugend unendlich in sich aufzunehmen, und wenn andere glauben, niemand wähle die Gerechtigkeit selbst, so haben sie beide die menschliche Natur nur zur Hälfte gesehen". Wir kommen weder als Freunde noch als Feinde sozialer Gerechtigkeit auf die Welt, und wir werden auch nicht zur Dummheit oder Aggressivität durch die Institutionen erzogen. Wer vielmehr die Dinge mit freiem Urteil aufnimmt, der wird – so Galen – bald schon seine Ansicht aufgeben müssen, „daß wir alle zwar von Natur aus eine gute Anlage besitzen, jedoch verkehrt werden lediglich durch die Zurechtweisung der Eltern, der Lehrer und Erzieher".

Galen begreift daher die Medizin ganz bewußt als eine Theorie der Kultur. Sie wird bestimmend nicht nur für die Gesundheitslehre, sondern auch für die Ethik, die Pädagogik, die Politik. Galen kann behaupten, diese seine Grundthese oftmals überprüft und mit Philosophen wie Praktikern durchdiskutiert zu haben, um daraus erst auf die Wahrheit seines Satzes zu gelangen: Durch Atmen und Essen und Trinken, durch die materielle Lebensführung überhaupt, erhält auch unsere geistige Struktur erst einen Horizont und ihr eigentliches Profil. Hier ist die Physiologie Basis aller Kultur und die Diätetik im weitesten Sinne die einzige Möglichkeit, ein konkretes Stück Welt sinnvoll zu organisieren.

Mit anderen Worten: Die wahre Therapie ist Anthropoplastik, was nichts anderes bedeuten will als die Herausformung des Menschen aus seiner labilen Existenz, seinem Mißstand, zu einem wirklichen Wohlstand, dem Heil. In dieser Kunst aber hat sich Galen als ein kluger Empiriker erwiesen, als ein Mann des gesunden Menschenverstandes, der sinnvollen Mitte.

Dazu ein paar wenige, ganz simple Beispiele!

Man erzählt ihm etwa, daß die Germanen das Neugeborene im kalten Wasser baden, um es so abzuhärten. Die Tibetaner sollen das gleiche tun, um die Vitalität erst mal zu testen. Galen schreibt dazu: „Ich habe mein Buch nicht für Germanen, auch nicht für Bären und Wildschweine geschrieben, sondern für Griechen oder wenigstens für solche Menschen, die eine griechische Denkweise haben. Für einen Esel oder ein anderes lastentragendes Vieh mag es von Vorteil sein, auf diese Weise abgehärtet zu werden und so einen steinharten Rücken zu haben, der gegen Kälte und Schmerz gefühllos ist – aber was nützt das dem Menschen!"

Das Wirken des Arztes bleibt alles in allem abhängig von der jeweils kulturell gefärbten Gesellschaftsstruktur und wirkt wieder auf diese humanisierend ein. So allein sollte der Arzt zum Wächter der Lebensordnung werden, und er sollte es wiederum sein, der die Lebensführung in der Hand behält. Die Medizin wird dabei eo ipso aus der privaten Sphäre herausgehoben in das Fluidum des Soziologischen. Galen will sehr genau beobachtet haben, wie das kleine Kind bereits mit seinen Aktionen und seinen Affekten in die Interaktionen einer Kulturwelt hineinwächst, in der Natur und Bildung das Muster ausmachen. Man müsse daher den banalsten Lebensmitteln ein ärztliches Interesse zuwenden, und zwar auf dem Wege der Erfahrung wie der Überlegung. Diese beiden, Empirie und Logismus, seien die beiden Beine, auf denen die Medizin stehe, „und stets braucht man sie beide, wenn etwas zu gutem Ende geführt werden soll". Ratio et experimentum – beide sind das Leitmotiv ärztlichen Denkens und Handelns geblieben, durch das ganze Mittelalter übrigens –, und nicht erst mit Francis Bacon.

In diesem weitesten Sinne ist die Heilkunst Anthropoplastik. Ihre „techne therapeutike" besteht aus der privaten Leibespflege (diaita) und aus dem öffentlichen Gesundheitsdienst (techne politike).

Einer der großen Ärzte der Schule von Alexandreia, Herophilos von Chalcedon, hat diese diätetische Weisheit ganz im Sinne des Galenos von Pergamon auf eine schlüssige Formel gebracht, wenn er bemerkt: „Wenn die Gesundheit fehlt, kann sich die Weisheit nicht zeigen, die Kunst nicht in Erscheinung treten, die Kraft den Kampf nicht aufnehmen, aller Reichtum nichts nützen, der Verstand sich nicht auswirken". Gesundheit ist daher das höchste Gut und die Heilkunde die vornehmste aller Künste.

Kapitel 2

Das Mittelalter

1. Gesundheit in der arabischen Hochkultur

Bei der Darstellung der Gesundheitslehren im arabischen Mittelalter bedarf es einer grundsätzlichen Vorbemerkung. Wir haben nämlich zu berücksichtigen, daß der Islam die einzige Hochreligion ist, die das Wort „Gesundheit" bereits in ihrem Titel trägt und damit diesen Zentralbegriff zum Fundament der Weltanschauung und Lebenshaltung gemacht hat.

„s l m" = „salam" bedeutet: ein rundum Wohlsein an Leib und Seele und Geist, das Heile eben. Die Reflexivform von „salam" ist „islam", die Ganzhingabe an das Heile. Wer sich zu diesem Heil bekennt, ist ein „muslim". Aus dieser Grundhaltung heraus konnte der Prophet Muhammad postulieren: Es gibt nur zwei Wissenschaften: die Heilskunde und die Heilkunde. Als Vertreter der Heilskunde wirkte der „hākim", der theologisch informierte Rechtskundige, als Vertreter der Heilkunde der „hakīm", der philosophisch geschulte Arzt.

Diesen prinzipiellen Hintergrund haben wir uns vor Augen zu halten, wenn wir uns nunmehr den soziokulturellen Rahmenbedingungen des arabischen Kulturkreises zuwenden. Mit dem aufblühenden islamischen Imperium entstand zwischen dem 7. und 13. Jahrhundert nicht nur ein Riesenreich mit straffer politischer Verwaltung und geregelten wirtschaftlichen Verhältnissen, sondern auch ein Imperium an kultureller Assimilationskraft. Um die Mitte des 9. Jahrhunderts bereits sind die Araber im Besitz der antiken Realwissenschaften. Sie kennen den ganzen Aristoteles und lesen Galen und damit die Texte des „Corpus Hippocraticum".

Wir haben uns dabei aber auch vor Augen zu halten, daß wir es bei noch so eigenständigen Wurzeln Europas mit einem ungemein vielschichtigen Kulturgefüge zu tun haben: einer in ihrer hellenistischen Verwurzelung und mit allen orientalischen Verzweigungen sicherlich einzigartigen Schicksals-Gemeinschaft. Man denke nur daran, daß wir uns auch heute noch der indischen Zahlen wie des chinesischen Papiers bedienen, semitischer Gottesideen wie persischer Literatur, gar nicht zu reden von der Flut arabischer Wörter in den naturwissenschaftlichen und medizinischen Terminologien.

Der arabische Arzt-Philosoph, der „hakīm", wurde dabei nicht nur zum Treuhänder antiker Geistigkeit, sondern zum Gelehrten par excellence. Dabei waren die genialsten Köpfe dieser arabischen Wissenschaft keineswegs Stammesgenossen und nicht einmal Anhänger des Propheten. Rhazes und Avicenna stammen aus Persien, Alfarabi war ein Türke, Abulkasis und Averroës sind Andalusier, Ḥunain b. Isḥāq gehörte der Sekte der Nestorianer an, Isaac und Maimonides waren gläubige Juden.

Was sie zusammenhielt, war die arabische Sprache, diese so üppige wie elegante Sprache als „das Salz der Wissenschaften".

Was die Gesundheitslehre betrifft, so gehen Diätetik und Hygiene zunächst einmal zurück auf die Erfahrungen der griechischen Medizin. Sie bedienen sich des klassischen Topos von den „sex res non naturales", greifen darüber hinaus auch auf Elemente der Religion und der Volkskunde zurück und bilden das kanonische Gerüst einer Heilkunst und Lebenskunde.

In diesem Sinne hatte im 9. Jahrhundert ein arabischer Arzt, Isḥāq b. ʿAlī ar-Ruhāwi, eine Schrift verfaßt mit dem Titel: „Das ärztliche Leben", in der es heißt: „Der Mensch, der sich durch seinen Verstand von den übrigen Lebewesen unterscheidet, ist für seinen Körper verantwortlich. Um seinen Leib gesund zu erhalten, muß er auf folgende Dinge besonders achten: auf Luft, Bewegung und Ruhe, auf Essen und Trinken, Entleerung und Verhalten, auf Schlafen und Wachen sowie die seelischen Einwirkungen, ferner auf die geographische Lage, seine täglichen Gewohnheiten, auf Alter und die jeweilige Körperform. Seinen Tageslauf soll man beginnen mit einem Gebet und ausklingen lassen mit der Lektüre wissenschaftlicher Schriften bei einem Glase Wein".

Im Fluidum allgemeiner Lebensregeln, zu denen Spruchweisheiten und mystische Überlieferungen ebenso beitrugen wie die Prophetenmedizin, kristallisierte sich nach und nach eine wissenschaftlich fundierte Diätetik, wie wir sie etwa finden bei ʿAlī ʿAbbās, dem Leibarzt des Buyiden-Emirs ʿAḍūd ad-Daula zu Bagdad.

ʿAlī b. al-ʿAbbās wirkte in der zweiten Hälfte des 10. Jahrhunderts; sein Hauptwerk trug den Titel: „Kāmil assịnāʿa at-tibbīya, was soviel heißt wie „Schatzhaus der ärztlichen Praxis". Es war dem Emir ʿAḍūd ad-Daula gewidmet, weshalb es auch den Titel trägt „Kitāb al-malaki", das königliche Buch. Als „Liber Regius" wurde es im 11. Jahrhundert ins Lateinische übersetzt und brachte dem „Haly Abbas" bereits in der Schule von Salerno den Ruf eines bedeutenden Arztes ein. Das Werk bietet in seinen zwanzig Abhandlungen, von denen zehn der „Theorica" und zehn der „Practica" gewidmet sind, eine übersichtlich geordnete und inhaltlich erschöpfende Systematik der Medizin, mit besonderer Berücksichtigung der Diätetik als der Basis aller Heilkünste.

In der Vorrede zu seinem „Kitāb al-malaki" schrieb Haly Abbas: „Da nun die Kunst der Medizin die trefflichste, ranghöchste, gewichtigste und nützlichste Wissenschaft ist – denn alle Menschen bedürfen ihrer –, beschloß ich, für die fürstliche Bibliothek ein vollkommenes Buch über die Kunst der Medizin zu schreiben, das alles enthalten soll, was Ärzte brauchen: Bewahrung der Gesundheit der Gesunden und Wiederherstellung der Gesundheit der Kranken".

Aus den physiologischen Grundbedingungen der Lebensordnung konnte sich im arabischen Mittelalter ein breites Spektrum hygienischer Alltagsstilisierung entfalten. Grundbegriffe diätetischer Lebensführung waren: „i ʿtidāl" (symmetria) als leiblich-seelische Ausgewogenheit und „muwafiq" (harmotton) als das jeweils Passende und in jeder Lage Angemessene. Aus diesem Maß versteht sich dann auch die „siḥḥa", die Richtigkeit, und damit der legitime Nutzen der unentbehrlichen Heilkunst.

Wie exemplarisch das Tun des Arztes werden konnte, entnehmen wir einer arabischen Schrift des 13. Jahrhunderts, wo der Philosoph At-Tusi in einem Traktat mit dem Titel „Die Ethik des Hirten" behauptet, der weise Mann solle es überall im Leben möglichst machen wie der Arzt: „Dieser prüft den menschlichen Leib unter dem Gesichtspunkt desjenigen Gleichgewichts, das je nach der Zusammensetzung der Glieder dem Ganzen zuteil wird. Dieses Gleichgewicht ist eine Grundbedingung der Gesundheit und die Quelle aller leiblichen Funktionen. Wenn es vorhanden ist, trachte er, es zu erhalten, und wenn es fehlt, suche er es zurückzugewinnen".

Auch der Ökonom handelt ja wie ein Arzt, und so auch der Staatsmann: Er garantiert das Gleichgewicht des Staatswesens wie eines Organismus, den „hal", einen Zustand, der in sich labil ist und dessen „kairos" es stetig zu beachten gilt. Fraglos erkennt man in diesen und ähnlichen Überlieferungen der arabischen Hochkultur noch das klassische Schema der antiken Ökonomik. Man findet deutliche Niederschläge dieser alten „oeconomia" im „Buch von der Verwaltung" des Avicenna wie auch insbesondere in der Haushaltskunst und Staatstheorie des Kulturtheoretikers Ibn Chaldūn (1332–1406).

Eine Diätetik des Staates

Am Ausgang des arabischen Mittelalters treten die klassischen Gesundheitsregeln noch einmal in ihrer zentralen Bedeutsamkeit nicht nur in das Blickfeld einer Geschichte der Medizin, sondern auch in den Horizont des Kulturhistorikers. Diätetik als nunmehr wissenschaftliche Grunddisziplin der Medizin wird zum Modell einer medizinischen Ökologie und damit zum Grundpfeiler einer jeden öffentlichen Ordnung. Zu einem ausgewogenen Gleichgewicht sollten diese ökonomisch-ökologischen Strömungen vor allem in der Staatstheorie des Ibn Chaldūn kommen.

Das diätetische Grundmuster (salus privata) schien ihm besonders dazu angetan, in seinen äußerst konkreten Bezügen und in exemplarischer Weise nun auch auf jede öffentliche Existenzweise (salus publica) einzuwirken. Ibn Chaldūn greift bewußt auf die klassische Maxime zurück, wenn er die Natur des Menschen als unzulänglich einschätzt. Der Mensch müsse sich daher eine Kultur schaffen, gleichsam seine zweite Natur, die nach und nach zu einer künstlich bearbeiteten und jeweils passend gemachten Ersatzwelt führe. Und so lebt der Mensch ständig in einer solchen künstlichen Welt, die er beherrschen kann oder die ihm entgleiten wird. Er ist bereits rein biologisch gesehen zur Beherrschung der Natur wie zu politischem Verhalten gezwungen.

Nach Ibn Chaldūn ist der Mensch demnach nicht nur „das Kind seiner Naturanlage und seines Temperaments", sondern auch seiner im sozialen Gefüge gewachsenen Gewohnheiten und Gepflogenheiten. Ebenso wie die biologischen Gesetzlichkeiten sollen nun auch die kulturellen Organismen dem Werden und Verfallen unterliegen. Jedes Gemeinwesen findet von daher einen „Begründer", einen „Begleiter", einen „Nachahmer" und seinen „Zerstörer". Auf diese Weise verdirbt die Humanität, schwindet der Gemeinsinn, und die Gesellschaft geht zugrunde.

Ibn Chaldūn geht bei dieser seiner Kulturmorphologie zunächst einmal aus von den Bauverhältnissen des Körpers und den Stadien seiner organischen Reifung. Er sieht den ausgereiften Körper von Natur aus in einer Umwelt stehen, die in ihrer Zusammensetzung und Einwirkung äußerst differenziert ist und den Menschen zu ebenso differenzierten Auseinandersetzungen anhält. Das zeigt sich exemplarisch auf dem Feld der Ernährung, in welchem der Mensch als ein ausgesprochenes Mängelwesen gilt, das immer wieder neu zu sättigen sei. Unfähig in seiner natürlichen Lebenswelt, muß der Mensch sich in allen Bereichen eine Ersatzwelt aufbauen. Mit dieser seiner zweiten Natur erst wird er zu einem Kulturwesen, wobei es die Kultur ist, die dem Menschen gleichsam wie ein vitaler Trieb eingepflanzt ist, die ihm dann aber auch wiederum zu seinem Schicksal wird.

Auf diese Weise schafft sich der Mensch als ein biologisches Mängelwesen zeitlebens seine zweite Natur, um steuernd und planend das jeweilig so mühsam errungene Gleichgewicht zu halten. Ist er doch von Natur aus ein Kulturwesen, das von den Resultaten seiner Aktivitäten lebt. Wie beim Menschen aber das Altern „im animalischen Temperament" ganz natürlich auftritt, so tritt nun auch „das Altern des Staates in der Art der natürlichen Dinge" auf. Die notwendige Destruktion der Zivilisation wird sich freilich nach Ibn Chaldūn erst nach und nach bemerkbar machen; „denn die Dinge in der Natur haben alle eine gradwise Entwicklung". So habe sich ja auch der Mensch in seinem Erdenlauf ständig verformt; er unterliege einer Umwelt, wobei die Medizin nur zu oft noch seine Schwächen geradezu fördere. Das Leben wird insofern immer ungesunder, die Krankheiten nehmen zu, der Luxus verweichlicht, die Menschen drängen in die großen Städte und bilden hier alle Symptome einer korrupten Zivilisation aus.

Dieser unheilvolle Übergang von einer Kultur in die Zivilisation wird in der Folge mit seinen pathologischen Merkmalen sehr detailliert beschrieben. Wie aber die Lebenskraft in den verschiedenen Lebensaltern des Organismus abnimmt, so schwindet auch die Kraft der öffentlichen Solidarität ('asabīya). Luft- und Wasserverschmutzung, Bewegungsarmut, Versorgungsstörungen, Hungersnöte und Seuchen sind nur die Symptome der „chronischen, unheilbaren Krankheiten des Staates", dessen Erkrankung dann wiederum verformend auf den einzelnen Staatsbürger zurückwirkt. Der Mensch gewöhnt sich nach und nach an diesen pervertierten Lebensstil, der ihm „zur Eigenart und Gewohnheit" wird. Die pathologischen Elemente treten dann letzten Endes „an die Stelle der ihm angeborenen Konstitution".

Und wie sich beim individuellen Leben die Prozesse der Lebensgeschichte bis zur Alterung abzeichnen, so zeigt sich auch im staatlichen Organismus Mißwirtschaft im Finanzwesen, das zur Verschwendung führt, die sich wiederum im künstlich gestauten Lebensstandard steigert. Der Gemeinsinn schwindet schließlich, und wenn dann die Stunde des Staates geschlagen hat, dann geht er zugrunde, „wie eine Seidenraupe, die spinnt und spinnt, um dann im Zentrum ihres eigenen Gespinstes zugrunde zu gehen".

Aus der durchgehenden Analogie des Staatswesens mit dem individuellen Organismus ergibt sich für den Kulturtheoretiker Ibn Chaldūn das Bild einer Gesellschaft, die im Kreislauf von Werden und Vergehen den Gesetzen biologischer wie ökonomischer Notwendigkeit unterworfen ist: Sie ernährt sich und assimiliert, sie wächst und reift und altert, sie erkrankt und stirbt ab. Gleichwohl hat Ibn Chaldūn in seiner Gesellschaftslehre die Medizin zu den vornehmsten Künsten gezählt, weil sie am ehesten Zugang hatte zu den intimsten Bereichen des Alltags wie auch zu allen ökonomischen Bereichen des öffentlichen Lebens.

Gerade als systematische Erfahrungs- und Handlungswissenschaft hatte die Medizin vollen Respekt vor der historischen Individualität und ihrer kulturellen Verflochtenheit. Damit steht am Ausgang des arabischen Mittelalters mit Ibn Chaldūn eine außergewöhnliche Persönlichkeit vor uns, die nicht nur eine Philosophie der

Geschichte konzipiert hat, sondern auch die Leitlinien für eine allgemeine soziokulturell orientierte Ökologie entwerfen konnte, in welcher der Mensch in seiner Umweltbezogenheit schicksalhaft eingegliedert ist in die Gesellschaft.

Im Rückblick sollte aber auch beachtet bleiben, daß die islamische Konzeption von den beiden einzigen Wissenschaften, einer Heilskunde und der Heilkunde, im europäischen Mittelalter bereits erweitert wurde auf die vier Fakultäten einer „universitas". Dies mußte und sollte zu einer Aufsplitterung und Verwässerung der Grundfakultäten führen, die nicht zuletzt verantwortlich zu machen sind für den Verfall von Erkenntnis und Interesse, von Lebenseinsicht und Lebenspraxis, für den aufgeklärten „Streit der Fakultäten" auch und der daraus folgenden und folgenschweren Restriktion von Gesundheit und Krankheit auf naturwissenschaftliche Modelle.

2. Leben in Gesundheit bei Maimonides

Eine arabische Handschrift des 12. Jahrhunderts aus Granada schließt mit dem allgemeinen Segenswunsch um Gesundheit, dem „salam tassalima", dem Wunsch nach Heil und reichlich Heil. Getragen von diesem Wunsch begegnet uns nun auch das „Gesundsein" und „Gesundbleiben" im diätetischen Schrifttum des Maimonides. Moses Maimonides wurde 1135 im andalusischen Cordoba geboren, war um 1200 Leibarzt in Kairo, wo er 1204 verstarb.

Das gesamte Schrifttum des Maimonides kreist um das Spannungsfeld von Wissen und Glauben, von Naturerkenntnis und Schöpfungsgeheimnis, und damit auch um die Fragen von weiser Lebensführung und vernünftiger Daseinsgestaltung. Physisches Wohlbefinden erscheint hier im harmonischen Einklang mit sittlicher Lebensführung und wird zur Grundlage einer jeden öffentlichen Wohlfahrt.

In der lateinischen Scholastik viel diskutiert wurde vor allem sein „Führer der Unschlüssigen", hebräisch „More Nevuhim", auch „Führer der Verirrten" (dux neutrorum) genannt, besser und genauer: „Leitung der Ratlosen". In diesem Hauptwerk geht es um eine systematische Auseinandersetzung des Schöpferglaubens mit der aristotelischen Naturphilosophie, Hauptthema dann auch der lateinischen Scholastik des 13. Jahrhunderts.

Während jedoch die religionsphilosophische Bedeutung des Maimonides zunehmend gewürdigt wurde und zu einer vielschichtig differenzierten Sekundärliteratur geführt hat, ist die medizinische Rolle des Maimonides, den doch seine Zeitgenossen schon gefeiert hatten als „Arzt des Jahrhunderts", bisher kaum beachtet worden. Als Arzt aber war er damals schon bemüht, die angeborenen oder durch äußere Umstände hervorgerufenen Gebrechen (erbbedingt oder umweltbezogen) deutlich zu unterscheiden von den sozialen Faktoren und diese wiederum von Schädigungen aufgrund eigener Verhaltungsweisen.

In seinem theologischen Grundwerk, der „Mischne Tora", wird eindringlich der „Weg des Weisen" beschrieben, der allein die Gesundheit garantiert. Ist doch der Weise jederzeit lebensfroh und zufrieden; er reguliert und kontrolliert sein Verhalten; er versteht es, alles behutsam in die mittlere Bahn zu lenken. Er muß diese seine Fähigkeiten aber auch einüben und stetig wiederholen, bis sie in seinem Wesen verankert und gleichsam zu seiner zweiten Natur geworden sind. Auf diese Weise wird ein Weiser bereits in seinem äußeren Benehmen erkannt: beim Essen und Trinken, beim Beischlaf, in Gang und Kleidung, beim Verrichten seiner Notdurft, in seiner Haushaltsführung, bei seiner Unterhaltung und seinem Umgang mit den Mitmenschen. „Dies ist das richtige Verhalten der Menschen untereinander", eine gesellige Atmosphäre in einem sozialen Fluidum.

Als Resultat seiner religionsphilosophischen Studien will Maimonides festgehalten wissen: Die Aussagen der Heiligen Schriften stehen nicht in Widerspruch zu den Schlußfolgerungen der aristotelischen Naturphilosophie. Somit ließe sich das Leben gemäß dem jüdischen Gesetze durchaus in Einklang bringen mit der ethischen Argumentation der praktischen Philosophie. Wichtig erscheint dabei aber auch die Einsicht, daß ein philosophisches Verständnis der Offenbarung nicht möglich sei, wenn man nicht die „Natur des Menschen" kennen gelernt hat. Diese aber vermittelt uns am ehesten die Heilkunde.

Die Sorge um die Erhaltung der Gesundheit wie auch das Vermeiden von Krankheiten zählt denn auch bei Maimonides ganz selbstverständlich zu den prinzipiellen Forderungen der Religion. Eine umfassende Pflege der Gesundheit aber könne nur dann sinnvoll sein, wenn sie den Menschen bereit mache, die Sinnstruktur der Welt zu erkennen und Gott zu dienen. Daher gehört auch und gerade die Medizin zu den „gottesdienstlichen Tätigkeiten". Leibliches Leben in Gesundheit gilt als das höchste irdische Gut. Wir haben alles zu tun, um es zu erhalten und bei Fehlhaltungen zu korrigieren. Vermeidung von Krankheit wie auch Erhaltung der Gesundheit rechnen einfach zu den religiösen Pflichten.

Sehr bewußt vertritt Maimonides den Standpunkt, daß der Mensch prinzipiell verantwortlich für seine Gesundheit sei und damit auch Einfluß nehmen könne auf die Dauer seines Lebens. Da der Mensch aber von Natur aus schwach sei, müsse er systematisch Gegenmaßnahmen treffen. Das Leben wird hier mit einem Licht verglichen, das Luft und Öl braucht, aber auch im Rauche oder im Winde steht; es sei daher sorgfältig zu hüten bis zum natürlichen Erlöschen der Lebensflamme. Auch hier wird wiederum die Heilkunst zur Kunst einer äußerst behutsamen Lebensführung, wobei dem Arzt ebenso fundamentale Aufgaben gestellt wie auch klare Grenzen gezogen werden.

Bei allem inneren Verbundensein von Heilkunde und Heilskunde weiß Maimonides aber auch klar zu differenzieren, wenn er schreibt: „Die Religion befiehlt, das zu tun, was im Jenseits nützt, und sie verbietet, was uns schadet. Die Medizin aber weist nur hin auf das Nützliche, und sie warnt vor dem Schädlichen, zwingt aber nicht zu jenem und straft nicht für dieses". Der Arzt ist kein Schulmeister und kein Polizeimann; er ist weder Seelsorger noch Richter. Er ist der, der des Menschen Not wendet und ihn zum Heile führt.

Die Grundregeln gesunder Lebensführung hat Moses Maimonides niedergelegt in einem Sendschreiben an den Sultan al-Malik al-Afdal von Damaskus mit dem Titel: „Maqāla fi'l tadbīr aṣ-ṣiḥḥa al-Afdalīya". Maimonides hebt eingangs hervor, daß er seine Gesundheitslehre nicht als Lehrbuch verfaßt habe; es sei vielmehr gedacht als praktisches Handbuch zu persönlichem Gebrauch. Maimonides hebt weiter hervor, daß er sich bei seinen Empfehlungen durchaus an die anerkannten Regeln der Autoritäten gehalten habe, so insbesondere an die Aphorismen des Hippokrates.

In seiner „Gesundheitsanleitung" geht er als Leibarzt ausführlich auf alle Einzelheiten der Lebensführung ein: Man achte stets auf die Stärkung der natürlichen Kräfte des Leibes durch die Speise und ebenso auf eine Stärkung der seelischen Kräfte durch Wohlgerüche. „Ebenso dienen der Stärkung der animalischen Kraft Musikinstrumente, die Unterhaltung mit heiteren Erzählungen, welche die Seele erfreuen, die Brust weiten, ferner die Darbietung von Geschichten, welche zerstreuen und erheitern".

Besonders streng sind die Anleitungen, wenn es um die Rangordnung der therapeutischen Maßnahmen geht. Ehe man nämlich einen oft folgenschweren Eingriff mit dem Messer oder auch nur mit einem Medikament wagt, solle ein Arzt sich mit den natürlichen Heilmöglichkeiten beschäftigen, und dies waren nach der klassischen Überlieferung die „res non naturales" der hippokratischen Heilkunst: die Nahrung, das klimatische Milieu, der Rhythmus von Arbeit und Muße, der Wechsel von Schlafen und Wachen, die Ausscheidungen sowie die Regulierung des Affektlebens.

Hier unterliegt die Medizin noch dem sanften Gesetz, tritt als ein ungemein mildes Handwerk in Erscheinung. Die Kunst diätetischer Lebensführung gehörte bei den Arabern zum sogenannten „adab", zum guten Ton, der feinen Bildung, und dies ganz im Sinne der antiken „paideia". Dieses den gesamten Alltag stilisierende Regime – auch Maimonides nennt es „Regimen sanitatis" – faßte Theorie und Praxis sinnvoll zusammen und bildete – über die „physis" den „nomos" setzend – den spezifisch menschlichen Lebensstil.

In mehreren seiner insgesamt zwölf medizinischen Abhandlungen ist Maimonides auf die klassischen Lebensmuster eingegangen, die er benennt: klare Luft, mäßiges Essen und Trinken, Wechsel von Bewegung und Ruhe, von Schlafen und Wachen, Regulierung des Stoffwechsels wie auch aller Affekte und Emotionen. Gerade beim vernünftigen Umgang des Menschen mit seinen Leidenschaften (affectus animi) kommt Maimonides auf die Prinzipien der Aristotelischen Ethik zu sprechen, die auch ihm zum Maßstab werden konnten für seine eigene, höchst originäre Tugendlehre. Tugend wird bei beiden nicht als Zustand verstanden, sondern als Vorgang, als eine Haltung (habitus).

Im Zeichen dieser auch die Gesundheit bestimmenden Tugendlehre stehen nicht von ungefähr „Mitte und Maß", um die ja auch die Medizin bemüht sein sollte mit ihrem Streben nach einem harmonischen Gleichgewicht der Säfte und Kräfte. Und so konnte Maimonides denn auch getrost behaupten: „Je mehr moralische Bildung ein Mensch in sich aufnimmt, um so weniger gerät er aus dem seelischen und körperlichen Gleichgewicht". Gesundheitslehre ist ihm zu einem Teilgebiet der Tugendlehre geworden, wie ja auch der Begriff der Tugend die Grundlage abgibt für eine allgemein verpflichtende Hygiene.

Maimonides vermochte dabei zu zeigen, daß die hygienischen Prinzipien der Heiligen Schrift durchaus in Einklang stehen mit den diätetischen Regeln der klassischen Antike und daß sie nur noch überhöht werden sollten durch sittliche Kriterien. Heilung des Leibes stand für ihn in einem überaus innigen Verbund mit der Heiligung der Seele. Gesundheit sollte dabei weder als Wert gelten noch ein Ziel sein. Sie war für ihn nur Mittel und Weg zu sittlicher Vollkommenheit. Daher mußte das Gesundsein jedesmal von neuem wieder in ein geordnetes Verhältnis zu einem übergeordneten Bezugssystem gebracht werden.

Und so fördern denn auch – schreibt Maimonides sehr bewußt – diese Grundregeln „vorzüglich die geistige Haltung, wie sie auch heilsam sind für den Leib, dessen
Gesundsein sie garantieren. Das alles geht aber nur, wenn man dem Regimen folgt,
und zwar vom Tag seiner Geburt an". Die Grundzüge seiner Krankheitslehre sind
somit eingebunden in seine Theorie der Gesundheit, die wiederum nicht zu verstehen sein wird ohne seine Tugendlehre. Gesundheitsbildung sollte dabei zum Prototyp gebildeter Lebensführung werden, wie es dann auch zum Vektor kultivierter Gesellschaftspolitik werden konnte. Ein jeder Mensch aber müsse sich einfach über die
Tugenden seiner geistigen Führungskraft bewußt werden, sonst treibe er nur dahin
wie „ein Stück Materie, schwimmend im Meere des Wirrsals".

Keine wissenschaftliche Disziplin aber könnte zu diesen Lebensfragen konkreter
Stellung beziehen als die Medizin, und keiner ist diesem Problem denn auch leiden-
schaftlicher nachgegangen als der Arzt Maimonides. Als „Arzt des Jahrhunderts" ist
Moses Maimonides bereits von seinen Zeitgenossen gerühmt worden. Als der „Ad-
ler der Synagoge" glänzt er in der jüdischen Tradition. Mit seiner Krankheitstheorie
und Gesundheitslehre steht er in der Geschichte der Medizin als einer der großen
Botengänger zwischen Antike und neuerer Zeit, als Botengänger auch zwischen Ost
und West.

3. Die Rolle der Gesundheit im christlichen Abendland

Eine völlig andere Rolle als bei Griechen und Arabern spielt die Gesundheit, wenn
wir nunmehr in die Räume des frühen christlichen Abendlandes eintreten. Bereits
die ersten schriftlichen Zeugnisse machen uns klar, wie wenig wir es hier mit Zu-
standsbildern zu tun haben und wie sehr mit geistigen Einstellungen und Haltungen. Dies wird uns bestürzend klar, wenn wir uns sogleich einem der ältesten Dokumente des frühen Mittelalters zuwenden.

In dem wohl ältesten Medizinbuch des christlichen Abendlandes, dem berühmten Lorscher Kodex, niedergeschrieben vor dem Jahre 800, lesen wir als „Verteidi-
gung der Medizin" den überaus merkwürdigen Satz eines Klosterarztes, der lautet:
„Gar heilsam (salubris) ist eine Krankheit, wenn sie das Herz des Menschen in seiner Verhärtung aufbricht, und äußerst verderblich (valde perniciosa) ist eine Gesundheit, wenn sie den Menschen in seinem unseligen Trott nur dazu verführt, weiter seinen Lüsten zu frönen".

Hier wird in einer sehr frühen Urkunde schon deutlich gemacht, wie relativ das
ist: Gesundsein und Krankwerden scheinbar ein Gegensatz-Paar, aber auch als Ge-
gen-Satz wiederum eine Einheit auf Leben und Tod. Es wird dabei aber auch schon
zum Ausdruck gebracht, wie das Verderbliche und das Heilsame auch soziale Auswirkungen haben, zumal individuelle Haltungen sich stets in jener Gemeinschaft
äußern, die im mittelalterlichen Gesellschaftsbild vom Ideal des frühen Christen-
tums geprägt war, das zudem den Kontakt mit dem Hellenismus der Spätantike
nicht gescheut hat.

So wurden auch bei den Kirchenvätern zu unserer Überraschung immer wieder
antike Topoi aus der hippokratischen Säftelehre herangezogen. So konnte Augusti-
nus etwa schreiben: „Gesundheit ist die geschickteste Schönheitskünstlerin; durch
sie wird die künstlich gemachte Erscheinung entsprechend der von Gott gegebenen

Gestalt zum Echten umgewandelt. Besonders förderlich für eine natürliche Schönheit ist das richtige Maß von Trank und Speise. Denn dies bewirkt nicht nur Gesundheit des Leibes, sondern läßt auch seine Schönheit hervorleuchten. Denn aus dem Feurigen erwachen Glanz und Schimmer, aus dem Feuchten leuchtende Farbe und Liebreiz, aus dem Trockenen das Männliche und Kraftvolle, aus dem Luftigen das leichte Atmen und das Gleichgewicht. Diese Eigenschaften aber sind der Schmuck des ebenmäßigen und schönen Bildes des Logos, welches der Mensch sein soll".

Aus dieser existentiellen Deutung heraus konnte auch Isidor von Sevilla (um 620) die Medizin geradezu als „zweite Philosophie" (secunda philosophia) bezeichnen. Berühre doch die Heilkunst alle Wissenschaften und Künste, sodaß ein Arzt es zu tun habe mit allen Bereichen der Natur wie der Kultur. Die Basis dieser „medicina" aber war die Diätetik als „conscientia bonae valetudinis", als Kunst gesunder Lebensführung, dargestellt durch die „officia ad regendam sanitatem", alles das eben, was wir erstreben zum Wohle des Leibes.

Die Regeln dieser Lebensführung finden wir in einer Literaturgattung, die den Titel „Ars vivendi" führt, zu der dann auch die „Ars moriendi" gehörte –, eine Lebenskunst als „ordo vivendi" oder auch „virtus vivendi". Zugrunde lagen diesen Traktaten die Grundformen und Urbedürfnisse des Alltags, Konstanten, die aus der Natur des Leibes erklärt wurden und die gerade mit ihren natürlichen Ursachen (res naturales) einer Kultur bedurften (res non naturales).

Über diesen Kulturauftrag hinaus wurde der Heilkunde aber auch noch eine spezifische Rolle zugespielt. Die „ars medica", die sich in der Antike als „techne therapeutike" verstand, ist in den frühen christlichen Jahrhunderten bereits zu einer „techne agapatike" geworden, zu einer „ars charitatis". Das Ethos des Arztes liegt jetzt weniger im Sanieren als in der Barmherzigkeit (misericordia), wie sich dies besonders eindrucksvoll dokumentiert in der „Regula" des Benedikt von Nursia.

In zahlreichen Traktaten zur „via monastica" finden wir, verbunden mit der „cura corporis", eine ungemein reichhaltige und in sich geschlossene Lebensordnung (regula vitae), getragen von den Grundsätzen der „moderatio" und „discretio", motiviert von der „humanitas" und „misericordia" und alles in allem ausgerichtet auf die „cura", die Sorge für den hinfälligen und gebrechlichen Menschen, für sein Gesundsein und Gesundbleiben.

Aus den immer komplexer werdenden Sachbereichen solcher Dienste ergab sich bald schon das Bedürfnis nach starken und dauerhaften Institutionen, die in der Lage sein sollten, alle diese Dienste – einen ganzen Komplex von Medizin und Pädagogik, von Technik und Ethik – in ein verbindliches System zu bringen. Auch hierfür lieferte die antike Philosophie einen Grundbegriff, der die Verbindlichkeit einer solch elementaren Lebensordnung mit der christlichen Dienstgemeinschaft zu repräsentieren vermochte, den Begriff „oikos" nämlich, womit ursprünglich die volle Hausgemeinschaft gemeint war, eine „Wirtschaft", die Ökonomie. Noch am Ende des 16. Jahrhunderts heißt es in der „oeconomia" des Würzburger Juliushospitals: „Es ist Gott wohlgefällig, wenn wir für die armen elenden Menschen in unserem Lande eine Wohnung herrichten und dieselbe mit geziemendem Unterhalt versehen täten, zumal Christus unser Seligmacher uns mit Lehre und Exempel dies befohlen hat".

Es ist der karitative Auftrag – und darin eingeschlossen auch der soziale Impuls –, der sich bei der Beratung der Gesunden, der Pflege der Kranken, beim heiltechnischen Eingriff wie auch bei den Maßnahmen eines öffentlichen Gesundheitsdienstes als die dominierende Kraft erwiesen und bewährt hat. Im zivilisierten Umgang mit den tagtäglichen Bedürfnissen wurde die Basis aller Therapie gesehen und auch die Wurzel aller Kultur. Hier haben wir nicht zuletzt auch eine der wesentlichen Wurzeln einer Kultivierung Europas zu sehen. Aus den rodenden Mönchen waren fachkundige Gelehrte geworden, aus reinen Betstätten die Elementarschulen des Abendlandes. Neben dem materialen und formalen Rüstzeug der Allgemeinbildung war es vor allem jener so maßvolle wie zuchtvolle Lebensstil einer Daseinsordnung, der allein das Abendland gebildet hat. Zur „regula vitae" war gleichrangig die „cura corporis" getreten, die Sorge um die Gesundheit des Leibes.

Auf all diesen Feldern einer Lebensführung konnte sich dann auch das Amt des Arztes verwirklichen mit seinem uralten Auftrag, die Not zu wenden, zu helfen, zu heilen. Würde man die Frage nach dem ärztlichen Auftrag einem mittelalterlichen Scholastiker stellen, so bekäme man als eindeutige Antwort: Amt des Arztes ist es 1. den gesunden Leib durch vernünftige Lebensführung zu erhalten (sana corpora in suo statu regendo conservare) und 2. den krankgewordenen Leib wieder der Genesung zuzuführen (aegra corpora ad sanitatem revocare). Das Ziel der Medizin ist demnach – nochmals in der Diktion der Scholastik – ein zweifaches: die Erhaltung der Gesundheit durch Diätetik (per regimen sanitatis conservatio), und dann erst die Heilung der Kranken durch spezifische Heilmaßnahmen (per curationem sanatio).

Scholastische Entwürfe einer Gesundheitslehre

Um die Mitte des 12. Jahrhunderts hatte der Magister Hugo von Folieto eine eigenständige Lebenskunde vorgestellt, in der auch die Heilkunst integriert wurde. Als dreifaches Ziel der Medizin wird hier genannt: 1. „reparatio corporum" (somatische Heilkunde), 2. „aedificatio morum" (sittliche Lebenskunde), 3. „sanatio animarum" (geistliche Heilskunde). Der Medizin anheimgegeben ist somit die Erhaltung der Gesundheit ebenso wie die Erbauung der sittlichen Person und die Heilung des Geistes.

In dieser Lebensordnung wird nun eine breitangelegte Analogie zwischen dem Arzt Hippokrates und „Christus Medicus" vorgelegt. Wie Hippo-krates (der „Pferdebändiger", der „equi rector") das Lebensroß in seiner gezügelten „natura temperata" meistert, so liebt auch Christus den „animum temperatum", zumal die Wege des Herrn nichts anderes bedeuten als das „temperamentum vitae", eine ausgeglichene Daseinsstilisierung. In diesem Sinne hat ein Arzt die Lebenslagen des Menschen möglichst genau zu kennen und optimal zu meistern; er ist der berufene Begleiter und Berater der Lebensweise.

Weil sie dem Menschen schon von Natur aus aufgegeben sei, erscheine die Heilkunst unter allen handwerklichen Künsten als die edelste. Von ihrem natürlichen Auftrag her ist sie eine Kulturwissenschaft. Sie vertreibt nicht nur die Krankheiten; sie vermag auch das Gemüt in Freuden zu erheben. Dies aber sei die wichtigste Aufgabe einer Medizin, die auf die Gesundheit gerichtet bleibe.

Ein weiteres Muster scholastischer Lebenskunde sei exemplarisch herausgehoben! Um die Mitte des 12. Jahrhunderts erscheint die Grundhaltung des gebildeten

Menschen in seiner reifen Form bei dem Pariser Magister Hugo von St. Viktor (1098–1141). Was ein Schüler in erster Linie brauche, sei Begabung, Übung und Zucht. Alles das aber nützt nicht ohne Vorschriften über die Zucht des Lebens, jene Lebensordnung eben, die nicht erreicht werden kann ohne die Diätetik des Leibes. Hier wird eine gewisse „Musik des Leibes" laut, die „sich betätigt in der belebenden Bewegung, aufgrund deren der Leib zunimmt und die allem, was geboren wird, zukommt; sie äußert sich weiterhin in den Säften, deren Mischung der Leib sein Bestehen verdankt".

In Hugos beliebtem Schulbuch, der „Eruditio didascalica", wird der junge Arzt direkt angesprochen, indem ihm die Hierarchie der Heilkunde vor Augen gestellt wird. Grundlegend werden auch hier wieder die sechs diätetischen Muster vorgetragen, die mit Luft und Nahrung, Bewegung und Ruhe, Schlafen und Wachen, den Ausscheidungen und Gemütsbewegungen die „wache Lebensordnung" ausmachen. „Diese werden daher Veranlassungen genannt, weil sie die Gesundheit bewirken und bewahren, wofern bei ihnen das richtige Maß beobachtet wird. Wofern dies nicht geschieht, ziehen sie Krankheiten herbei".

Hugo von St. Viktor versucht seinen Schülern auf eine simple und zugleich elegante Weise klar zu machen, warum gerade die Medizin so viele Grenzgebiete und Überschneidungen mit anderen Fächern hat, wobei sie das ganze anthropologische Spektrum beherrscht. „Auch darf es niemanden wundern, daß ich Speise und Trank, die ich im vorhergehenden Kapitel der Jagd zugewiesen habe, nun unter die Merkmale der Heilkunde zähle. Es ist dies nur von einem anderen Gesichtspunkt aus geschehen. So gehört ja auch der Wein in der Traube zur Landwirtschaft; in der Vorratskammer gehört er zum Wirkungsbereich des Küchenmeisters; als Gegenstand des Genusses aber ist er dem Arzt unterstellt. In ähnlicher Weise gehört die Zubereitung der Speisen in die Backstube, in die Fleischerbude oder in die Küche; Geschmack und Nährwert derselben festzustellen ist jedoch Sache der Heilkunst".

Eine Quelle habe die Wissenschaft – schreibt Hugo –, aber viele Bächlein. Wissen allein sei zwar schon viel, mehr aber noch habe die zuchtvolle Lebensführung zu gelten. Am besten jedenfalls sei es, wenn beide zur Harmonie eines gebildeten und menschlichen Lebens zusammenkommen. Denn menschliches Leben vollendet sich in Wissen und Tugend (integritas vitae humanae scientia et virtute perficitur).

Hugo kommt abschließend noch einmal auf den Stufenweg aller Wissenschaften zu sprechen und postuliert dann die Vorrangstellung der Philosophie. Habe doch der Philosoph die Grundkenntnisse aller Disziplinen. „Es irren diejenigen, welche ohne Rücksicht auf den engen gegenseitigen Zusammenhang der Wissenschaften sich die eine oder andere Disziplin auswählen und so ein vollkommenes Wissen zu erreichen trachten". Man suche daher so viel wie möglich zu erlernen. Viel später erst erfahre man dann, daß nichts daran überflüssig war. Wer sich hingegen mit bloßem Spezialwissen begnüge, der könne an seinem Wissen keine reine Freude haben.

Im späten Mittelalter erscheinen die Gesundheitslehren dann noch einmal, wo man sie am wenigsten vermutet hätte, in der rein pragmatisch ausgerichteten „Küchenmeisterei" nämlich, einer Kölner Inkunabel aus dem Jahre 1494, wo der Küchenmeister – unter der Maxime „Ordnung sei Weisheit, und Weisheit sei Ordnung" – sich wie folgt vernehmen läßt: „Darum so einer lange gesund will sein ohn alle Gebrechen, der soll mäßiglich sein an Essen und Trinken, an Weiber zu haben, an Baden und Arbeiten und wie das alles genannt werden soll und geschehen wird an Gehen und an Stehen, an Schlafen oder an Wachen, an Gesellschaft oder an Gut zu gewinnen. Doch allzu große Sorgfältigkeit verdirbt die Weisheit. Darum soll Sorgfältigkeit mäßiglich geschehen oder mit Mäßigkeit vermischet. Denn wer das rechte Maß trifft und also ordentlich lebt, der ist sich selbst hold und bleibet bei Gesundheit und auch bei langem Leben. Amen. Laus Deo".

4. „Gesundheitsschutz" bei Petrus Hispanus

Das Leitwort für die der Heilkunst anvertraute Lebenskultur heißt bei Petrus Hispanus „custodia", Wahrung also und Wache, Gesundheitsschutz. Alles Lebendige auf Erden ist auf Gegenseitigkeit angelegt (collatio viventium ad invicem) und wird damit zur Verantwortung gezogen. Und so ist und bleibt der Mensch der Hüter des Lebens, der Hirte des Seins. Der Arzt ist dabei der befugte Wärter (custor), dem die „custodia vitae" anvertraut ist: die Bildung eines humanen Lebensstils, die Anthropoplastik, Kultur einer Natur. Hierin liegt denn auch das eigentliche Amt der Heilkunde: „scientia medicinalis ordinatur ad corpus humani custodiam".

Petrus wurde zwischen 1210 und 1215 in Lissabon geboren, erhielt um 1240 in Paris das Magisterium in der Philosophie und in der Medizin und wurde noch um 1260 in Siena geführt als „doctor in physica". Als Leibarzt vieler Bischöfe wurde er 1273 Erzbischof von Braga und 1274 Kardinalbischof von Tusculum, um im Jahre 1277 zum Pontifex Maximus gewählt zu werden, wobei er den Namen Johannes XXI. annahm. Nach kurzem, aber gehaltvollen Pontifikat starb er 1278 unter herabstürzendem Gemäuer in der Bibliothek seines Papstpalastes in Viterbo.

Das Ziel der ärztlichen Kunst erscheint bei Petrus Hispanus ganz und gar ausgerichtet auf den Schutz des gesunden Leibes (ordinatur ad corporis humani custodiam). Damit wird sehr betont die anthropologische Grundsituation angesprochen: Der Mensch hat seine optimale Verfassung (compositio optima) verloren; er bedarf daher prinzipiell der „ars conservandi", einer ständigen Führung und Aufsicht (custodia). Zur „conservatio" gesellt sich daher auch die „praeservatio", eine „custodia corporis in aequalo temperamento".

Worin aber besteht diese Gesundheit, und was wäre zu ihrem „Schutz" erforderlich? Die gesunde Verfassung des Leibes (constitutio) beruht nach Petrus auf folgenden sechs Punkten: 1. dem geordneten Zusammenspiel der Elemente (elementorum concursus): 2. der Verschiedenheit im Säftesystem (complexionum diversitas); 3. der Disposition der einzelnen Qualitäten (humorum dispositio); 4. dem Zusammenhalt der Glieder (membrorum integritas); 5. der Stärke der einzelnen Handlungen (operationum fortitudo); 6. der Verfassung der Lebensgeister (spirituum conditio).

Aufgabe der Heilkunde ist es folglich, die Gesundheit zu bewahren und wiederherzustellen (sanitatem conservare et amissam recuperare). Wäre unser Leib nämlich in unveränderlicher Verfassung und bester Kondition, wäre die Medizin gar nicht nötig (non indigeret arte). Da er aber veränderbar ist und zerstörbar, bedarf er notwendig der Heilkunst (arte curativa et conservativa indiget). In seinem fragilen Gehäuse ist der Mensch einfach angewiesen auf das „regimen sanitatis", auf eine Gesundheitsführung, deren Kern die möglichst zureichende „custodia vitae" bildet, ein so fürsorglicher wie vorsorgender Lebensschutz.

Gesundheit als Habitus aber wird garantiert durch die verschiedensten Faktoren: durch die Konstanz der soliden Körperteile (compactio fortis); durch das Gleichgewicht der labilen Körpersäfte (aequalitas elementarium qualitatum); durch ein den Organismus durchwaltendes Erhaltungsgesetz (forma mixti miscibilia contraria continens); durch die eingepflanzte Lebenskraft (virtus insita) also, die angelegt ist auf Kontinuität und Stabilität. Sie kommt jeweils in Erscheinung an einem je spezifischen Individuum.

Das Individuum kann geradezu gelten als Maß und Kriterium für Gesundheit. Ist es doch nichts weiter als ein „medium inter sanum et aegrum", ein nicht zu fixierendes Zwischenfeld, das eben dadurch einer permanenten Erhaltung (ars conservandi) bedarf. Erkannt aber wird diese Gesundheit erst an der Funktionsfähigkeit der Organe (bonitas operationum).

Leitlinien der Lebensführung

Bei aller Eingebundenheit in die uns umgebende Natur und aller Verflochtenheit in die uns bestimmende Geschichte bleibt uns gleichwohl ein Freiraum und Spielplan, jener Lebensraum eben, in dem wir die Wechselfälle des Schicksals zu gestalten und zu meistern in der Lage sind. In dieser seiner Lebensgestaltung findet der Mensch erst seinen eigenen, unverwechselbaren Lebensstil. Er hat gelernt, sein Leben – in einer Existenz voller Risiken und Chancen – zu führen, wobei ihm der Arzt als Vorbild und als Vermittler zu dienen hat.

In dieser Situation übernimmt die Medizin denn auch das „regimen corporis humani", und sie führt ihren Auftrag durch diätetische Lebensführung aus (per ordinationem diaetae). Die Heilkunst hat das Leben gewiß nicht geschaffen; sie kann es auf Dauer auch nicht erhalten. Was sie kann, ist immer nur Vorbeugung und Prophylaxe. Innerhalb der biologischen Gesetze aber ergibt sich eine eindeutige Maxime für die „conservatio corporis", die lautet: Ordentliche Lebensführung verlängert, ungeordnete verkürzt das Leben.

Dem behandelnden Arzt hat daher als oberster Leitspruch zu gelten: „Primo ordinanda est diaeta". Diätetik begründet und begleitet alle Therapie. Und so wird uns denn auch von Petrus die Lebensweise und ihr Regiment möglichst systematisch – mit antiker Leibeszucht und nach christlicher Lebensregel – vor Augen gestellt mit „cibus et potus, somnus et vigilia, exercitium et balnea, coitus" (Codex Matritensis 1877, folio 1rb).

Als wichtigstes Lebensmittel dient uns zunächst einmal die Luft, die dem Herzen als dem Haus des Seins die Lebenswärme vermittelt und damit auch den Lebensgeist. Das Herz ist es, das uns die Atmosphäre vermittelt, das Fluidum unseres Alltags, jenen Rhythmus, wie er gebildet wird vom Atmen und seinen beiden Aktionsprozessen, der Ausweitung und der Einengung (constrictio et dilatatio) samt den entsprechenden Ruhephasen, die uns so wohl tun. Das Atmungs-System tritt hier auf als der große Regulator zwischen Umwelt und innerem Milieu.

Den zweiten ebenso wichtigen Bereich dieser Lebenskunst bilden die Lebensmittel. Essen und Trinken sind eine vitale Notwendigkeit, wobei auch hier – bei aller „necessitas nutrimenti" – Freiräume angebracht sind, Spielräume also einer wahren Eßkultur. Genau so streng wie Essen und Trinken werden die Verdauung und die

Ausscheidungen abgehandelt. Leben erscheint hier wie ein feuriger Strom in diesem grandiosen Schauspiel eines Stoffverkehrs, in das überall Stauwehre und Bremsklötze einzubauen sind. Unser ganzes Sensorium ist gleichsam ein Hemmungs-System, das hilft, dieses feurige Leben nicht zu löschen, wohl aber zu bändigen.

Dies zeigt sich nach Petrus besonders deutlich bei einem so merkwürdigen Phänomen, wie es der Schlaf ist, in welchem das Hemmungssystem besonders aktiv wird. Der Schlaf gilt als Teilruhe des Gehirns (passio particularis cerebri); diskutiert wird dabei die Frage, warum denn junge Leute so prächtig schlafen und die Alten oft so miserabel.

Zu dieser Binnenökonomik im Rhythmus des Alltags gehört nach Petrus Hispanus auch das Geschlechtsleben (coitus). Das Wesen der Sexualität wird denn auch im Liebesakt gesehen, in welchem der eine vom anderen empfängt, damit die Partner wahrhaft eins werden in der „unio convenientis cum conveniento". Beide Partner haben dabei den gleichen Rang; beiden ist die gleiche Lust geschenkt, ja, der Akt schenkt uns die höchste Lust; er ist ein „opus nobilissimum". So konkret nun diese scheinbar rein physiologischen Beschreibungen sind, nirgendwo wird auch nur der Versuch gemacht, das Geschlechtliche unter rein naturrechtlichen Kriterien abzuhandeln, als pure „res naturalis" eben. Auch in der „vita sexualis humana" dominiert die Kunst, eine Kultur, welche die Natur zwar entdeckt, um sie dann aber zu bilden. Zum Humanum gehört von Natur aus das Kulturkleid.

Eine ganz besondere Rolle in der Dramaturgie dieser Regelkreise spielt nicht von ungefähr die Kultivierung der Leidenschaften, all der Affekte und Emotionen in unserem Gemütsleben. Unsere gesamte Sinnesausstattung, sie sei – so Petrus sehr deutlich – geradezu eingestellt auf Leidenschaften und Freudenschaften. Menschliche Existenz als solche sei bereits Betroffensein, Anteilnehmen und Mitteilen, einer dem anderen.

In all seinen zwischenmenschlichen Beziehungen bleibt der Mensch aber auch das biologische Mängelwesen (coagulatio mollis, levis, debilis), ein Wesen, das von Natur aus sein Leben zu stilisieren sucht. Sei der Mensch doch niemals von Natur allein da, sondern immer auch Geschichte und damit Schicksal; er sei nirgends bloße Körperlichkeit, sondern stets ein Leib, unterworfen dem Zusammenprall aller Dinge im zeitlichen Gefüge (occursus rerum in tempore). Mit all unserem scheinbar so privaten Dasein verbunden sei daher auch die Welt, unser äußeres Milieu, der „concursus rerum exteriorum", alles das eben, was wir unsere technische und soziale Umwelt nennen würden, die wiederum nicht zu denken ist ohne die natürliche Umwelt.

Und hier schließt sich der Kreis. Alles will Petrus einbezogen wissen in die Verantwortung des Menschen: die Pflanzen, die Tiere, alles Lebendige um uns (collatio viventium ad invicem). Aufgabe der Heilkunst ist dabei nicht das Sanieren allein, sondern eher die behutsame Ordination jener humanen Lebensbedingungen, hinter der weniger ein naturhafter „Trieb" steckt als ein geistiger „Zug", das Streben nämlich nach dem ewigen Heil (omne agens naturale intendit sui salvationem). Alles Leben trägt aus seiner lichten Wurzel bereits das Heil aus, aus der „radix vitae", einem Leben, das wurzelt im Lichte. Auch unser dumpfer Leib mit seinem so banalen Essen und Trinken und Schaffen und Zeugen, auch er wurzelt in diesem lichten Keime, der uns hält und der uns zieht und heilt. Alle Natur trägt im lichten Grün die Farbe der geistigen Welt.

5. Das Bild der Gesundheit bei Paracelsus

Mit Theophrast von Hohenheim (1493–1524), der sich später Paracelsus nannte, begegnet uns eine der eigenständigsten Krankheitslehren zwischen Mittelalter und neuerer Zeit, eine Theorie der Medizin, die indes allenthalben überhöht wird von den Bildern der Gesundheit. Bei seinem Fragen nach dem Wesen von Gesundheit bietet uns Paracelsus zwar keinen schlüssigen Begriff an, dafür aber eine ganze Reihe von Bildern, von Schlüsselworten und Leitbildern, die wir nur noch zu bündeln hätten, um sie dann als Gesamtbild vor Augen zu stellen. Grundmuster bleibt dafür das Amt des Arztes, das nach Paracelsus lautet: „den Leib in Gesundheit zu erhalten und den Kranken in seine alte Gesundheit zu bringen" (VI, 213).*

Mit diesen beiden Aufgabenbereichen ist der ärztliche Auftrag klar umrissen und auf eine geradezu klassische Formel gebracht. Was aber wäre das, die Gesundheit des Leibes, die bei Paracelsus gepriesen wird als ein hohes Gut, ja, als das höchste Gut? Denn – so seine Frage –: „Was ist mehr? was Größeres? Was ist noch nützlicher, oder was geht über einen gesunden Leib?"

Was also ist Gesundheit? So lautet die Ausgangsfrage. Und die Antwort: Alle Dinge fordern uns auf, „große Ordnung zu halten" (IX, 509). Wo aber wäre sie wohl zu finden, diese Ordnung? Und auch hier wieder die klare Aussage: „Der Mensch wird nicht nur aus seiner ‚Mutter' geboren (den „res naturales"), sondern auch aus seiner ‚Nahrung', aus seiner Umwelt und Mitwelt" (den „res non naturales"). Und so ist der Mensch zwar eine natürliche Erde, aber „durch den Sommer, der in ihm liegt, soll und muß er in eine blühende Kraft gebracht und geführt werden" (VII, 254).

Gesundheit wäre demnach weniger eine natürliche Artung als eine humane Leistung, mehr noch die Möglichkeit, den Leib höher zu bringen, als es die angeborene Komplexion anzeigt, um so über das Korporalische zum Geistigen zu gelangen. Im Boden der Natur wird eine Chiffre sichtbar. Leben wir doch in einem Weltall, das Geist birgt und verbirgt, aber auch entbirgt. Mit dem „Auftun der Augen" erfahren wir dann auch die „wunderbaren Dinge" (mirabilia) der vollen Wirklichkeit (IX, 253).

Welt begegnet uns aber nicht nur als Erbwelt und Umwelt. Welt steht bei Paracelsus vor allem im Horizont der Zeit (astrum), als ein offenes System möglicher Spielräume und eigener Spielpläne. Gesundsein will daher vor allem begriffen sein innerhalb der Dimension der Zeit, der „Zeitigung". Auch bei der Gesundheit des Leibes kommt es nicht so sehr auf die Gesetzlichkeit einer unverrückbaren Natur an, kaum auch auf die Beliebigkeiten einer evolutionären Entfaltung, sondern sehr konkret auf jenes dramaturgisch bewegte Geschehen, wie es uns im Urphänomen „Zeit" begegnet.

In den vielfältigen Formen und vielschichtigen Gestaltungen der Natur wächst jene Zeitlichkeit auf, eine „Zeitgestalt", die allen Dingen einen geistigen Atem verleiht. Sie ist wie die Unruh in der Uhr, die nicht stille steht. Das Leben des Wassers – sagt Paracelsus – ist sein Fluß; des Feuers Leben ist die Luft, und auch zur Erde gehört ein unsichtbar im Leibe verborgenes Leben.

---

* Zitiert wird nach: Theophrast von Hohenheim, gen. Paracelsus: Sämtliche Werke. Hrsg. Karl Sudhoff. Bde. I–XIV. München, Berlin 1922–1933.

Welt und Mensch erscheinen in diesem zeitgebundenen Ordnungs-System als einzige, eine einzigartige Wirklichkeit. „Das ist die Konkordanz, die den Arzt ganz macht, so er die Welt erkennt und aus ihr den Menschen auch, welches gleich *ein* Ding sind und nicht zwei" (IX, 45). Wir führen keine Existenz im luftleeren Raum. Wir sind leibhaftig eingetaucht in den Kosmos, sind Teil seines Alphabets. Von daher die Lesbarkeit von Welt und das Vernehmen ihrer ökologischen Partitur.

Gesundheit ist fest eingebunden in den Realzusammenhalt unserer Umwelt und unserer Gesellschaft. Hier sind sie denn auch alle zu suchen, all die elementaren Verbindungen (conjunctiones), die so höchst komplexen zeitlichen Bedingungen (constellationes) wie auch all die verbindlichen sozialen Gegebenheiten (confoederationes). Und so ist in diesem Ordnungssystem „eins in das ander gehängt und zusammen gebunden" (XII, 49).

Gesund-Sein bedeutet unter diesem Aspekt: In-Ordnung-sein, eingeordnet in die ökologischen Rahmenbedingungen des Daseins wie auch in jene kosmologischen Gesetzlichkeiten, wie sie sich noch widerspiegeln im harmonischen Säftegefüge des eigenen Organismus. Nur so empfängt der Mensch aus allen Dingen „Gesunde und Gänze" (II, 90), die „integritas" der scholastischen Heilkunde, jenes Heile, zu dem er nun einmal berufen ist. „Denn die Natur macht alle Dinge wachsen, und so macht sie auch den ganzen Menschen wieder jung" (III, 209), hält uns gesund und munter und wohlauf.

Angesichts einer solch verbindlichen „Ordnung" sah Paracelsus sich aber auch allen Widersprüchen dieser Welt ausgesetzt, aller Unordnung der Natur, der Gebrechlichkeit unseres Leibes und seiner eingeborenen Vergänglichkeit. Zwar sei der Mensch von Natur aus „gesund" geschaffen, „fix und ganz". Sobald er aber in die Welt kam, da begegneten ihm bereits die „contraria", die ihn zu zerbrechen trachteten. „Aus dem folgt, daß der Mensch an seiner Kreatur zwar gesund ist, aber die Welt ist der Tod, die kränket ihn und tötet ihn" (IX, 233). Der Tod sitzt mitten „im Herzen der Schöpfung" und bietet dem Menschen gewissermaßen eine Art von Gegenwelt an.

Die Gebrechlichkeit wäre demnach dem Menschen geradezu imprägniert. Die „eingeborene Widerwärtigkeit des natürlichen Leibes", sie ist uns gleichsam eingeleibt. „Reif, Schnee, Kälte,Hitze, Feuchte, alles das ist Speise der Welt; wo sie aber über die Konkordanz gehen, wo also zu viel Reif, zu viel Nässe, zu viel Hitze ist, das ist's eine Zerstörung der Welt" (VIII, 386). Wie Staub und Schatten sind wir, die alle Tage zergehen. So geht es eben zu in einer befristeten Existenz: „Einmal sind wir geschnitzlet von Gott und übermalt mit dem Leben –, und mit einem Lumpen ist es alles wieder aus" (IX, 61).

Unter diesem Aspekt aber wird der Mensch sehr entschieden von seiner fragilen Verfassung aus gedeutet als pathische Existenz, in welcher er indes angehalten wird, „sein Leben zu führen". Und wie es Paracelsus notwendig schien, „zu erzählen die Irrung, so in einem Ding gehalten wird, also ist es auch weiter vonnöten, daß wir wissen, die Ordnung weiter zu halten" (IV, 486). Der Mensch – „zum Umfallen geboren" (XI, 198) – ginge zugrunde, wäre dem „Destructor" nicht der „Conservator" beigegeben, ein heilsames Urprinzip, der Balsam des Lebens in freilich befristeter Zeit. Womit wir auf ein drittes Moment unserer Ordnungsbilder eingestimmt sind, das wiederum verweist auf den ersten Aspekt: das Bild der Ordnung.

„Die Ordnung weiter zu halten", dazu diente Paracelsus – bei aller Kritik an der Schultradition – die klassische Diätetik und Hygiene, wie sie aus der Antike über die arabische Scholastik überliefert worden war als „Regimen sanitatis" und die er nun auch aus dem gleichen Geiste heraus traktiert hat als sein „Regiment der Gesundheit". Wenn er aber von einem „Regiment" sprach, dann wollte er damit die ganze Lebensordnung beachtet wissen, das, was er schlichtweg nannte: „Ordnung, Diaeta, Regimina" (IV, 535).

Alle Dinge der Welt müßten in einer gewissen Ordnung stehen, damit „die Waage des Menschen" im Gleichgewicht bleibe. „So wir aber das Regiment nit halten, so werden wir auch nit behalten unseren gesunden Leib" (IX, 18). Und wie ein Kind „zu Verstand gezogen" werden muß, so wachse auch der Mensch erst nach und nach in jene „wissentliche Vernunft", aus der allein hervorgeht „die Ordnung des Lebens". Als das biologische Mängelwesen braucht der Mensch einfach einen spezifischen Antrieb, das, was Paracelsus das „donum impressionis" nannte oder auch einen „Treiber".

Was uns in unserer labilen Verfassung halten mag und dienen sollte, das ist der innere Rhythmus, der allem Lebendigen innewohnt. „Im Puls liegt das Corpus des Lebens, und der Puls zeiget dasselbig an" –, das Leben nämlich mit seinem alltäglichen Rhythmus beim Atmen, im Stoffwechsel, beim Schlafen und Wachen, in der Verdauung, bei den Gemütsbewegungen, von denen es heißt: „Kann die Imagination Krankheit machen, kann Erschrecken schon krank machen, so kann Freude auch Gesundheit machen" (VII, 329).

Und so wirken denn in uns all diese geheimnisvollen Kräfte, die dazu da sind, „den Leib zu erhalten in Gesundheit, die Krankheiten zu vertreiben, das traurige Gemüt zu befreien, um so den Leib zu erhalten bis zu dem ihm zugemessenen Tod" (III, 119). Es sei einfach notwendig, „daß wir den Leib zu speisen und zu tränken wissen, auf daß die Speisen und Tränke den Leib in Gesundheit erhalten und seine Krankheiten austreiben. Denn in der Speise sind große Mysteria und Arcana verborgen". Hier ereignet sich denn auch Tag für Tag das Mysterium der Aneignung und Einverleibung, der Assimilation und Inkarnation –, geheime Ereignisse einer inneren Fülle und existentiellen Erfüllung.

Aus diesem Grunde solle ein Mensch denn auch wissen, was in seinem Leben sein Gesundsein erhält und bestätigt. „Er soll wissen, was er esse und trinke, was er wirke und trage, und was daraus entspringen mag zur Verlängerung seines Lebens. Denn alle unsere Dinge sollen gerichtet sein auf ein langes Leben". Denn „am langen Leben hat Gott Sein Wohlgefallen" (XI, 198).

Für Paracelsus war die philosophisch strukturierte Heilkunde wirklich noch eine Orientierungswissenschaft oder – will man ein anderes Wort dafür nehmen – eine Gesundheitswissenschaft. Wenn hier aber immer wieder von „Gesundheit" die Rede war, dann ist damit kein blasser Begriff gemeint, sondern eher ein Bild des ganzen Menschen in seiner lebendigen Harmonie, das eben, was die antiken Ärzte „holon" nannten, was in der Bibel als „schalom" zum Ausdruck kommt, mehr Befriedung als Friede, das, was die Araber als „salam" kannten und lebten, das rundum Wohlsein eines Menschen an Leib und Geist und Seele, eine Schau des ganzen Menschen eben, das, was in der lateinischen Scholastik als „integritas" bezeichnet wurde und was wir bei Paracelsus wiederfinden als „Gesunde und Gänze".

Getroffen wird mit dieser Einstellung aber auch jenes natürliche Maß, welches die Dinge in sich selber austragen, in ihrer „Natur". Gesundheit wäre demnach ein Zustand der inneren Angemessenheit und damit auch der Übereinstimmung mit sich selbst, ein Fließgleichgewicht gleichsam, in welchem sich die Gewichte gegeneinander ausspielen und zum Einklang kommen. Ist es doch die Natur, die uns als Vorbild dient, „Ordnung zu halten in allen Dingen" (VIII, 196).

Unter einer solchen Perspektive verstehen wir auch eher seinen Kernsatz, der immer wieder zitiert wird: „Also ist der Mensch sein Arzt selbst. Denn so er der Natur hilft, so gibt sie ihm seine Notdurft und gibt ihm also zu eigen seinen Garten zu eigener Kultivierung. Denn so wir am gründlichsten allen Dingen nachdenken und trachten, so ist unser eigen Natur unser Arzt selbst" (IX, 92).

Mit Hinblick auf seine Patienten wird diese Grundgesetzlichkeit dann auf die schlichte Formal gebracht: „Alle Dinge sind in *eine* Ordnung gebracht, und die Ordnung fließt aus dem Gebot. Das Gebot aber lautet: Du sollst deinem Nächsten in seiner Not helfen" (IX, 334). Mit diesem notwendigen – weil die Not wendenden – „Sein für Andere", das sich bei Paracelsus immer wieder spiegelt in seinen Bildern von der „Arzenei aus Liebe", ist aus der Humanmedizin schon eine Medizin der Mitmenschlichkeit geworden.

Die klassischen Gesundheits-Bücher
(Regimina Sanitatis)

Vorbemerkung

Hatte uns die Welt der klassischen Antike die theoretischen Fundamente der gesunden Lebensführung wie auch ihre praktischen Möglichkeiten aufgewiesen, so versuchte die Scholastik des arabischen und lateinischen Mittelalters das didaktische Instrumentarium bereitzustellen, das nun einmal zur „Kunst zu leben" die Voraussetzung bietet. Es ist kein Zufall, daß immer wieder von „ordo" und der „regula" die Rede ist, von Lebensordnung und Lebensführung, von „Regimina" und bei Paracelsus gar von einem „Regiment der Gesundheit".

Wie eine magische Figur zieht sich durch die Literaturlandschaft der „Regimina" der Topos von den „sex res non naturales", den sechs „nicht-natürlichen" Lebensbedingungen also, wie sie sich als notwendig erweisen für eine gesunde Daseinskultivierung.

Daß sich im hohen und späten Mittelalter das „Regimen sanitatis" zu solcher Reife entfalten konnte, liegt sicherlich an der Idee der Lebensordnung in der Lebensführung, die mit dem „Ordo"-Denken kongruent ist. Gleichwohl hatte diese Idee nichts Statisches an sich, war vielmehr gedacht als Prozeß im labilen Gleichgewicht der Säfte und Kräfte des Leibes und konnte sich so als „regula vitae" ausbilden zu einer „Ars vivendi", der so schönen wie schweren Kunst zu leben.

1. Der Vorläufer (Tacuinum Sanitatis)

Um die Mitte des 11. Jahrhunderts hatte ein arabischer Arzt am Hofe des Kalifen zu Bagdad versucht, die zahlreichen aus griechischen Handschriften übersetzten Regeln zu gesunder Lebensführung schematisch zu ordnen und auf eine tabellarische Übersicht zu bringen. Dazu diente ihm ein in der arabischen Astronomie gebräuchliches Tabellenwerk, ein sogenanntes „taquim", das ihm Pate stand für sein „taquīm aṣ-ṣiḥḥa" (Tafelwerk der Gesundheit). Der Name des Arztes war Ibn Butlān, ein Schüler des 1043 verstorbenen berühmtem Arztes Ibn at-Tayīb. Übersetzt in eine lateinische Handschrift wurde dieses Tafelwerk vermutlich in der Mitte des 13. Jahrhunderts am Hofe des Königs Manfred von Sizilien.

Im lateinischen Druck erschien das Tafelwerk erstmals 1531 bei Hans Schott in Straßburg. Bald folgte auch eine deutsche Übersetzung durch Michael Herr, einen Arzt aus Kolmar, der seinem Druck (1533) den Titel gab: „Schachtafelen der Gesundtheit". Die lateinischen Handschriften tragen den Titel „Tacuinum sanitatis";

sie sind am Ende des 14. oder zu Beginn des 15. Jahrhunderts mit zahlreichen kostbaren Miniaturen illustriert worden, die alle noch deutlich die arabische Herkunft verraten. Den deutschen Druck wie auch die lateinischen Ausgaben ließ der Drucker Hans Schott durch den Maler Hans Weiditz d. J. mit Holzschnitten illustrieren.

Beim Zitieren meiner Texte benutze ich als Vorlage den Codex C. 67 der Biblioteca Universitaria de Granada, den ich 1970 anläßlich eines vorlesungsfreien Forschungssemesters in Granada – angehängt an „Alberti Magni Liber de animalibus" – entdeckt habe und der den Titel trägt: „Tacuinus Sanitatis de sex rebus quae sunt necessariae quilibet homini ad cottidianem conservationem sanitatis suae". Der umständliche Titel dieser lateinischen Handschrift lautet in deutscher Übersetzung: „Handbuch der Gesundheit in medizinischen Fragen, das die sechs notwendigen Dinge aufzählt, indem es darlegt, welchen Nutzen die Speisen und Getränke und die Kleider tragen, welchen Schaden sie anstiften können und wie dieser Schaden verhütet wird, nach den Ratschlägen der besten Gewährsleute".

Damit haben wir abermals die „sechs notwendigen Dinge" dieser Kunst einer vernünftigen Lebensführung vor Augen, die nun noch einmal im einzelnen erläutert werden: „Das erste ist die Behandlung der Luft (aer), die ans Herz dringt. Das zweite ist die rechte Anwendung von Speise und Trank (cibus et potus). Das dritte ist die rechte Anwendung von Arbeit und Ruhe (motus et quies). Das vierte ist der Schutz des Körpers vor zu viel Schlaf oder Schlaflosigkeit (somnum et vigilia). Das fünfte ist die rechte Behandlung im Flüssigmachen und im Zurückhalten der Säfte (excreta et secreta). Das sechste ist die rechte Ausbildung der eigenen Persönlichkeit durch Maßhalten in Freude, Zorn, Furcht und Angst (affectus animi)".

Damit sind wiederum die sechs Punkte zu einer kultivierten Lebensstilisierung zu bedenken gegeben. Da bilden zunächst einmal Licht und Luft den konkreten Raum einer leibhaftigen Umwelt, in der wir zu atmen und uns zu bewegen haben. Das ist unsere alltägliche Lebenswelt, die wir lebenslang auszufüllen und in einer gebildeten Atmosphäre zu erfüllen haben. Genau so lebenswichtig erscheint das zweite Feld, die Kultur des Essens und Trinkens. Der dritte Punkt betrifft das Gleichgewicht von Bewegung und Ruhe, von Arbeit und Muße. Hier kommt alles an auf den rechten Rhythmus von Spannung und Entspannung, in der Arbeitswelt wie im Freizeitraum. Eng damit verknüpft ist das vierte Paar mit Wachen und Schlafen, die beide zusammen erst einen ausgeglichenen, gegen Hetze und Lärm abgesicherten Alltag samt der nächtlichen Erquickung garantieren.

Mit dem fünften Punkt, der die Absonderungen und Ausscheidungen des Organismus behandelt, haben die alten Ärzte immer auch zwei sehr spezifische Kulturräume zu verbinden getrachtet: einmal die alle Lebensphasen berührende Sexualhygiene und zum anderen eine vor allem im islamischen Mittelalter in höchster Blüte stehende Badekultur. Einem gebildeten Gleichgewicht in der Lebensführung dient schließlich der sechste Punkt: die Beherrschung der menschlichen Leidenschaften. Zu den Gemütsbewegungen zählen: Freude, Trauer, Scham, Zorn, Angst, Traurigkeit, nicht zuletzt aber auch die Fähigkeit, zu feiern, wobei die Muße es ist, die Ziel aller Mühsal und Arbeit bleibt.

Das „Tacuinum sanitatis" behandelt demnach alle Fragen jener gesunden Lebensführung, die allein in „Mitte und Maß" zu finden ist, um daraus zu schließen: „In diesem Beachten des rechten Gleichgewichts liegt die Erhaltung der Gesundheit. Und die Entfernung dieser sechs Dinge vom rechten Gleichgewicht bewirkt die

Krankheit, da Gott, der Herrlichste und der Größte, es so zuläßt". Es wird dann aufmerksam gemacht auf die Veränderungen der Lebensweise je nach Konstitution und Lebensalter, nach Wohngegend und Klima, nach Jahreszeiten und Geschlecht. Für alle Lebensfragen solle der Arzt knappe und brauchbare Antworten anbieten. „Denn die Menschen wollen von den Wissenschaften nichts anderes als wirksame Hilfe, nicht aber spitzfindige Beweise und langatmige Definitionen".

Die Vorrede zu den „Schachtafelen der Gesundtheit" schließt mit den schlichten Worten: „Hierin hat der allmächtige Gott gelehrt, wie man einem guten Leben nachstreben solle und das böse fliehen. Deshalb so will ich nun anheben mit Gottes Hilfe und die Tafeln zusammensetzen". Es beginnen alsdann die „Schachtafelen der Sechs nebennatürlichen ding".

Das „Tacuinum sanitatis" des Ibn Butlān ist somit ein frühes „Regimen sanitatis", ausgerichtet auf die „sex res nonnaturales", gefällig zur Darstellung gebracht als über sichtliches Tabellenwerk zu allen Bereichen einer gesunden Lebensführung. In allem aber tritt deutlich zutage, wie sehr auch seelisches Wohlbefinden dem leiblichen gleichgeachtet wurde, als ein rundum Wohlsein (salam) eben an Leib und Geist und Seele.

Dieses klassische Gesundheitsbuch konnte sich denn auch als eines der reichhaltigsten und dauerhaftesten der abendländischen Literatur erweisen. Ganze Stammbäume mit immer neuen Aussprossungen und mit überraschenden Verzweigungen lassen sich aus dieser Überlieferungskette herauslösen und geben uns einen Eindruck von jener hohen Kultur von „Heilkunst und Lebenskunde", die im 19. Jahrhundert erst mehr und mehr verdrängt und vergessen wurde, die man denn damals auch lieber der Lebensreform-Bewegung oder den Gesundheitsaposteln überlassen wollte.

Inmitten der zweitausendjährigen Überlieferungslandschaft der Gesundheitsbücher, die an Breite, Dichte und Dauer ihresgleichen sucht, ist uns dieses „Tacuinum sanitatis" begegnet, das in der Blütezeit der scholastischen Regimina, der „Lehre vom rechten Leben", eine so liebenswürdige Atmosphäre vermitteln konnte.

2. Regeln der Gesundheit im „Regimen"

Gesundheitsvorsorge, Gesundheitsschutz und Gesundheitsbildung sind in der mittelalterlichen Heilkunde in erster Linie von einer Literaturgattung getragen worden, die mit der berühmten „Schule von Salerno" in Verbindung gebracht wird. Es handelt sich bei dieser „Schola Salernitana" um eine Sammlung diätetischer Ratschläge und hygienischer Vorschriften, die in Form eines Lehrgedichts vorgetragen wurden. Dieses „Regimen Sanitatis Salernitanum" – wie es auch heißt – ist in einem „leoninischen" Versmaß abgefaßt, bei dem Hexameter und Pentameter miteinander abwechseln.

Mehr als die gefällige Form interessiert uns der Inhalt dieser „Schola", die mit ihren Wurzeln tief in die Antike zurückgreift und die weit über das Mittelalter hinaus ihre Wirkung entfalten konnte. Als exemplarisches Lehrgedicht über die Gesundheitsführung greift die „Schola Salernitana" zunächst auf die Lebensregeln der antiken Diätetik zurück, wie sie sich aus dem „Corpus Hippocraticum" und den Schriften des Galen dem frühen Mittelalter darbot.

Das anonyme „Regimen Salerni" hebt an mit einer lapidaren Empfehlung, die verdeutscht lautet: „Willst du dich tüchtig erhalten, gesund, so höre, was wir dir künden itzund: Fort mit den drückenden Sorgen. Zorn ist, so glaub' mir, gemein. Nimmst du nur kargen Imbiß, hüt' dich vor starkem Wein. Hast du gespeist, so erhebe dich gern; halte den Schlaf dir um Mittag fern. Halte den Harn zurück nicht zu lang, regts sich's im Darm, so folge dem Drang. Tust du genau, wie wir es dir weisen, wirst du lange durchs Leben reisen (haec bene si serves, tu longo tempore vives)".

Noch ein weiterer Grundspruch der Lebensweise wird für solche Lebensreise zu bedenken gegeben: „Besser als ein Arzt sei die dreifache Regel: Ruhe, Heiterkeit, Mäßigkeit (mens laeta, requies, moderata diaeta)". Auch aus dieser Empfehlung geht eindeutig hervor, daß wir es bei diesen Versen weniger mit einer medizinischen Lehrschrift zu tun haben als mit einer populären Schriftengattung, wie sie in der späteren Hausväterliteratur oder der noch jüngeren Erfahrungsheilkunde weitgehend der Selbstmedikation gedient hat.

Als Kernstück dieses „Regimen Salernitanum" imponiert uns die Speiseordnung mit ihrem kanonischen Sechserklang: „quale, quid, quando, quantum, quoties et ubi dando": „Welcherlei, was und wann, wie viel und wie häufig man, wo man sie gebe, die Speisen, der Arzt muß es lehren und weisen". Den Empfehlungen (iuvamenta) folgen dann nach guter scholastischer Manier immer sogleich auch die Warnungen (nocumenta), so etwa: „Aufgewärmte Speise, Ärzte, die nicht weise, und die bösen Weiber sind Gesundheitsräuber".

Das Speiseregimen schließt mit einem Appell an das Maßhalten beim Essen und Trinken: „Allen mein Wort also rät: Bleib' bei gepflog'ner Diät! Denn der Gesundheit Gebot ist: Wechsle nicht, außer wenn Not ist! So Hippokrat! Wer darwider, dem folget der Seuche Hyder. Strenge Diät sich nennt der Heilkunst Fundament. So du nicht observierst, wie ein Tropf du regierst, wie ein Pfuscher kurierst!"

Von diesem Lehrgedicht aus haben sich Kernsätze diätetischer Lebensführung bis in unsere Sprichwörterweisheit erhalten, wie etwa: „Nach dem Essen sollst du ruhn oder tausend Schritte tun", oder auch: „Wider den Tod, ach, den harten, kein Heilkraut sprießet im Garten (contra vim mortis non est medicamen in hortis)". In diesem „Regimen" stehen dann auch die bekannten Verse: „Balnea, vina, venus corrumpunt corpora nostra. Sed vitam faciunt balnea, vina, venus". Auf gut Deutsch: Die Bäder, der Wein und die Liebe, sie zehren an unseren Kräften, und doch: Wie belebend wirket ein Bad und der Wein und die Liebe!

Das „Regimen Salerni" schließt mit dem schlichten Satz: „Utile est requies, sit cum moderamine potus. Explicit regimen sanitatis Salerni", also auf Deutsch: „Nützlich ist's, der Ruhe zu pflegen, und mäßiger Trunk bringet Segen. Hier ist Salerno's Weisung zu End'". Während aber die älteren Handschriften nur ein paar hundert Verse enthalten, schwellen sie in den späteren Ausgaben auf einige tausend an. Über 100 Manuskripte blieben uns erhalten, an die 500 Drucke liegen vor. Im Jahre 1915 noch wurde „Das Medizinische Lehrgedicht der hohen Schule zu Salerno" ins Deutsche übersetzt.

Mit dem 14. Jahrhundert setzt eine stürmische Entwicklung der „Regimina sanitatis" ein, die vielfach auch in die Volkssprachen übersetzt wurden. Als Ausgangspunkt hierfür gilt das „Urregimen" des Konrad von Eichstätt (gest. 1342) mit dem Titel: „Sanitatis conservator", als dessen Hauptquelle der „Canon medicinae" des Avicenna zu gelten hat. Offensichtlich hiervon beeinflußt sind der „Tractatus de re-

SCHOLA
SALERNITANA,
S i v e
De conservandâ Valetudine
Præcepta Metrica.

Autore
JOANNE de MEDIOLANO
hactenus ignoti

Cum luculentâ & succinctâ Arnoldi Vil-
lanovani *in singula Capita Exegesi.*

EX RECENSIONE
ZACHARIÆ SYLVII
Medici Roterodamensis.

Cum ejusdem Præfatione.

Nova editio, melior & aliquot Medicis opus-
culis auctior.

*Cum Indicibus duobus, altero Capitum,
altero rerum.*

ROTERODAMI,
Ex Officinâ ARNOLDI LEERS,
IƆ IƆC LVII.

gimine sanitatis" (1317) des Klerikerarztes Arnold von Bamberg wie auch die „Ordnung der Gesundheit", die ein unbekannter Autor (um 1400) für den Grafen Rudolf
von Hohenberg und dessen Gemahlin Margarete zusammengestellt hat. Nachwir-
kungen zeigen sich noch im „Zwölfbändigen Buch der Medizin" des Kurfürsten
Ludwig V. von der Pfalz, im „Regimen vitae" des Ortolf von Baierland wie auch in
der „Regel der Gesundheit" des Arnoldus von Mumpelier.

Die Flut immer neuer „Regimina" reißt im 15. Jahrhundert nicht ab. Antonio Be-
nevieni (1443–1502) schreibt für Lorenzo de Medici einen Traktat „De regimine sanitatis". Ähnliche Gesundheitsbücher stammen von Nicolo Falcucci, Ugo de Siena,

Michele Savonarola, Benedetto de Norcia, Wilhelm von Saliceto, um nur einige zu nennen.

Auf die besondere Problematik gesunder Lebensführung geht Magninus Mediolanensis ein in seinem „Regimen sanitatis", 1503 gedruckt zu Straßburg. Er stellt sein Werk zunächst als reine Quellensammlung vor (pertractare regulas regiminis sanitatis a diversis auctoribus medicinae prioribus et posterioribus collectans). Allezeit gesund leben, das sei allerdings nicht möglich (Non est possibile sanitatem custodire semper. Nam semper custodire omni fama ignoramus). Gesundheit sei eben kein Zustand, sondern ein Habitus (sanitas est una bona dispositio corporis humani), wobei die dispositionelle Bandbreite als enorm angesehen wird (unde sanitaits latitudo est valde magna).

In die gleiche Gattung fällt das „Regiment" (1537) des Hallenser Arztes Philippus Michael Novenianus mit dem vielsagenden Untertitel: „Ein schöne verordennung und Regiment aus grund der Ertzney die gesundheit des Menschen zu erhalten und kranckheit zu verhüten, auf daß man das natürlich alter unnd ende mit gesundem lanckleben erreichen möge". Gedruckt zu Leipzig bei Melchior Lotther 1537. In der Vorrede wird Gesundheit definiert als „eine übunge aller werck, so in einem Menschen zugehörig, als gehen, stehen, handeln, wandeln, Essen, Trincken, schlaffen, sinnen, sehen, hören und sonderlich die vernunfft unnd witze gebrauchen".

Weitgehend auf die Gesundheit ausgerichtet ist auch die „Medicina" des Johannes Baptista Montanus (Frankfurt 1587). Ohne die sechs Lebensmuster der Gesundheitsführung lasse sich ein gesundes Leben einfach nicht gestalten (sine his enim sex, quae a Medicis dicuntur sex res non naturales, non potest animal vivere). Die Lebensregeln werden damit gleichsam zu einem Prinzip der Heilkunde gemacht (ubicumque igitur hae causae necessario occurent corpori). Allerdings hätten wir nicht so viele Namen für die Gesundheiten, wie wir sie für Krankheiten haben; wir können daher Gesundsein vielfach nur negativ umschreiben (Nam sanitas nihil aliud est, quam ipse habitus. Morbus vero próvatio sanitatis). Gesundheit ist ein Habitus und die Medizin die Kunst, ihn zu erhalten (Medicina est ars tuendae sanitatis. Nam sanitas est finis medicinae). Das Ziel der Heilkunst aber kann nur heißen: Gesundheit!

Wie ein Rückblick auf die klassische Diätetik mutet auch das „Speculum Sanitatis" an, das Johannes Matthaeus 1620 in Herborn publiziert hat und das sich versteht als ein Spiegel „rerum non-naturalium, quas vocant, administrationem pro bona valetudine conservanda". Ausgesprochenes Thema sind die kanonischen Lebensmuster (res illas, quae Physici nonnaturales vocant). Das beginnt mit der Luft, dem „elementum et alimentum" unseres Körpers und Geistes. Das geht über auf Speise und Trank (cibus et potus), die wir so nötig hätten wie die Luft zum Atmen. Das verbreitet sich über das Gleichgewicht von Übung und Ruhe (motus et quies) als ein besonderes „axioma physicum". Es folgen der Schlaf, die Verdauung sowie die Affektenlehre.

Eine allgemeine Einführung in die Lebensregeln während des Lebenslaufes bieten wenig später die „Fundamenta Medica" (1647) des Henricus Regius. Da heißt es gleich zu Beginn: „Medicina humana synedochice Medicina dicitur; eaque est ars medendi humanae valetudini". Heilen als Dienst an der gesunden Lebensführung aber bedeutet: etwas von der Gesundheit wissen, sie erforschen und dementsprechend für das Gesundsein Sorge tragen (Mederi autem est de valetudine cognoscere, seu eam inquirere et praeterea curam gerere). Gesundheit aber ist kein fester Zustand; sie ist ambivalent und neigt sich den Krankheiten zu (Sanitas deflectens vacillans est, quae in morbos est prona. Haec constitutio neutra dici potest). Unsere normale Konstitution schwankt daher in einem Zwischenstand, der als „neutralitas" bezeichnet wird.

Der Trend der Gesundheitsbücher spiegelt sich noch einmal in der „Küchenmeisterei", einer Inkunabel von 1494, wo es – in neudeutscher Fassung – heißt: „Denn es sprechen die Meister, Ordnung sei Weisheit und Weisheit sei Ordnung. Und die guten Gewohnheiten behalten gute Sitten und geben ein gutes End'. So bewahret die Mäßigkeit den Gesunden; denn alles das, das dem Leib zugehört, das soll und muß mäßiglich geschehen.

Darum so einer lange gesund sein will ohn alle Gebrechen, der soll mäßig sein an Essen, an Trinken, an Weiber zu haben, an Baden, an Arbeiten und was alles genannt soll werden oder geschehen an Gehen und an Stehen, an Schlafen oder an Wachen, an Gesellschaft oder an Gut zu gewinnen.

Zu große Sorgfältigkeit aber verdirbt die Weisheit. Darum soll Sorgfältigkeit mäßiglich geschehen oder mit Mäßigkeit vermischet. Denn wer das Maß trifft und also ordentlich lebt, der ist sich selbst hold und bleibt bei Gesundheit und auch bei langem Leben".

3. Im „Garten der Gesundheit"

Im deutschen Sprachraum setzte sich im späten Mittelalter für „Regimen" der Begriff „Ordnung" durch, so etwa als „Ordnung der nottdürfftigen ding", womit abermals die „sex res non naturales" gemeint sind. Ordnung bedeutet dabei sowohl anordnen, bestimmen, anweisen, verordnen als auch in Ordnung bringen und Ordnungen einhalten. So bringt eine Wolfenbütteler Sammelhandschrift, der Cod. Guelf. 69.14 Aug. 2°, ein „Regimen sanitatis" als „Ordnung der Gesundheit". Immer aber bezieht sich die „Anordnung" auf die gesunde „Lebensweise". Mit der Ordnung verknüpft sich dann aber auch die Weise des Hütens und Hegens, die wiederum auf den Gärtner verweist und eine weitere Literaturgattung ins Leben gerufen hat, den „Garten der Gesundheit".

Im Jahre 1485 erschien ein Gesundheitsbuch mit dem schönen Titel „Gart der Gesundheit", an dessen Ende wir dann lesen: „Und nun fahr' hin in alle Lande, du edler und schöner Garten du, eine Ergötzung der Gesunden, tröstliche Hoffnung und Hilfe für den Kranken!". Der berühmte Wiegendruck des Peter Schöffer zu Mainz stellt sich vor mit: „Und nenne dies buch zu latin Ortus sanitatis auff teutsch ein gart der Gesundheit". Der „Ortus sanitatis" beginnt mit einem Lob auf jene Gesundheit, die besser sei als Gold und Silber, daher über alles andere zu schätzen (Non est enim census super censum salutis corporis).

Wenig später, 1497, erschien zu Memmingen ein „Hortus sanitatis", als ein „Büchlein der Arznei", das dem „gemeinen Manne" zugedacht war, der, „fern vom Arzt lebend", sich und den Seinen Hilfe in Not zu leisten hatte. Eine weitere Ausgabe des „Gart der Gesundheit" bei Johannes Prüss zu Straßburg (1507) beginnt mit den besinnlichen Worten: „Oft und viel hab' ich bei mir selbst betrachtet die wunderbaren Werke des Schöpfers der Natur", und sogleich wieder das alte Geleit: „Nun fahr' hin in alle Lande, du edler und schöner Gart der Gesundheit. Du Ergötzung der Bedürftigen. Ein Trost, Hoffnung und Zuversicht der Kranken".

Und so schießen sie geradezu ins Kraut: ein „Gart der Gesundheit", 1515 in Straßburg gedruckt, wobei der Untertitel „Herbarius oder Kreuterbuch" in den Vordergrund rückt, ferner ein „Gart der gesunheit, zu latin Ortus sanitatis" (Straßburg 1524), und noch einmal Straßburg 1536, mit dem Schluß: ein „köstlich Buch", mit „guten Stücken", daher „dem Menschen fast nötig zu seins leib gesundheyt". Eine niederdeutsche Ausgabe erschien 1520 in Lübeck mit dem Titel: „Dit is de genochlike Garde der suntheyt. to latine Ortulus sanitatis".

Schlagen wir einen solchen „Garten der Gesundheit" auf, so werden wir Seite für Seite vertraut gemacht mit einem ungemein reichen Spektrum an Gesundheitsregeln. Im Gegensatz zu einer in späteren Jahrhunderten auf Speise-Regimina geschrumpften Diätetik ist in den Handschriften und Frühdrucken durchweg von einer „Diätetik" als Lebensordnung insgesamt die Rede. Das Ensemble im Topos von den „sex res non naturales" kommt besonders plastisch in einer Augustea in Wolfenbüttel zum Ausdruck, wo es im Cod. 8. 7 Aug. 4°, f. 129^r heißt: „Man sol merken von Sechs dingen, die alle natürliche gesuntheit behalten in den menschen, das ist: essen und trinken / sloffen und wachen / und die bewegunge des leibes und ruhe. Und zufelle der synne. Und des Mutes also ist trauern und frölich sin".

Ich greife als ein weiteres Beispiel eine Wolfenbütteler Handschrift aus dem 14. Jahrhundert heraus, einen „Sanitatis Conservator" (Cod. Helmst. 429). In diesem „Bewahrer der Gesundheit" heißt es gleich zu Beginn: „Wenn der Mensch sich am Morgen vom Schlafe erhebt, beeile er sich, alle überflüssigen Stoffe aus dem Körper zu entfernen, was durch Stuhlgang und Urin geschieht, aber auch durch Räuspern, durch die Nase und die Ohren. Alsdann wasche er die Hände, sein Gesicht und die Augen, im Sommer mit kaltem, im Winter mit warmem Wasser. Man kämme sich, reibe alsdann den Kopf und den ganzen Körper tüchtig ab und putze seine Zähne mit einem rauhen Lappen. Alsdann sollt ihr euren Frieden machen mit eurem Herrn Jesus Christus!".

Nach der Morgentoilette und dem Morgengebet kleidet man sich an und geht mit gutem Appetit zum Frühstück. Es folgen alsdann die klassischen Lebensregeln eines „Regimen sanitatis". Abschließend wird aber auch zu bedenken gegeben, daß es mit zur „Lebenskunst" gehört, über die nötigen „Lebensmittel" zu verfügen, damit man als freier Mann ein freies Leben führe (vivat sibi ipsi) und nicht allzusehr verhaftet sei den weltlichen Geschäften (occupatus operationibus saecularibus).

In diesen Gesundheitsbüchern finden sich denn auch nicht von ungefähr die Regeln für Reisende zu Wasser und zu Lande. Wir finden ein solches „Regimen iter agentium" ebenso bei den arabischen Arztphilosophen Rhazes und Avicenna wie auch in den Gesundheitsbüchern eines Gilbertus Anglicus oder Bernhard von Gordon. Behandelt wird alles, was einem auf den im Mittelalter oft so abenteuerlichen Reisewegen begegnen kann: Hitze und Kälte, Hunger und Durst, Läuse und Flöhe, das Wundreiten oder auch die Erschöpfung, ferner Alltagssorgen wie Nachschubfragen, Lagerplätze, Trinkwasser, Verletzungen.

John Gaddesden, ein Magister aus Oxford, schrieb 1492 „De regimine itinerantium" und Hartmann Schedel, ebenfalls im 15. Jahrhundert, sein „Regimen pro iter agentium in mare". Bei ausgedehnten Reisen auf dem Meere waren besondere Re-

geln angebracht. So erfahren wir, daß man bei drohender Seekrankheit aufgerichte-
ten Hauptes sitzen solle, sich an einem Balken haltend und den Blick auf ein fernes
Ziel gerichtet. Die Augen solle man nicht wandern lassen und den Kopf nur mit der
Bewegung des Schiffes bewegen. Wichtig bei einer Seefahrt sei weiterhin die „Lüf-
tung" des verdorbenen Wassers, was durch Abkochung oder Filtrierung durch Sand
geschah, gelegentlich auch mit Hilfe eines Wachsfilters. So John Gaddesden!

Es gab bald schon auch eigene Gesundheitsbücher für Frauen, für Kinder, für
Greise, für Schwangere und Säuglinge und ihre Ammen. Wir kennen „Regimina" für
Seuchenzeiten und die Pestzüge, für Gichtgeplagte und Nierenkranke. Mit seinem
„Vetularium" schuf Sigismundus Albicus, Leibarzt des Kaisers Wenzel zu Prag, ein
spezifisches Gesundheitsbuch für Greise.

Herausgehoben seien in diesem Zusammenhang die Gesundheitsbücher für Seuchenzeiten wie etwa die Pest. Der Begriff „Pest" (pestilentia) bedeutete zunächst
ganz unspezifisch eine „gefährliche Seuche". Erst am Ausgang des Mittelalters verstand man unter „pestis" in erster Linie die „Beulenpest" (Bubonenpest), während
die weitaus gefährlichere „Lungenpest" als „Schwarzer Tod" bezeichnet wurde. Im
Jahre 1347 war die Lungenpest vom Schwarzen Meer aus auf die Mittelmeerhäfen
übertragen worden und breitete sich ab 1348 auf den großen Handelsstraßen über
ganz Europa aus. Die Medizinische Fakultät Paris veröffentlichte bereits 1348/49 ein
eigenes „Pestgutachten", in welchem die antike Miasma-Lehre mit ungünstigen
Konstellationen in Verbindung gebracht wurde. An prophylaktischen Maßnahmen
erscheinen Räucherungen und Essig- oder Ätzanwendungen als Repellens gegen
Menschen- und Rattenflöhe. Öffentliche Vorschriften richteten sich auf die Leichentransporte und die Kadaverbeseitigung. Empfohlen wurden weiterhin Duftstoffe,
Salben, kostbare Steine oder auch Talismane.

Allgemein durchzusetzen vermochte sich die Quarantaine, die erstmals 1374 in
Reggio/Emilia verhängt wurde, bald darauf auch in Venedig (1377). Eigene „Pest-
lazarette" wurden auf den Venedig vorgelagerten Inseln eingerichtet. „Pestordnun-
gen" regelten in der Folge die Leichentransporte, die Massengräber, die Krankenpflege. „Pesttraktate" gehörten zu den meistgelesensten Texten der hochmittelalter-
lichen Literatur. Hierzu gehören auch die „Pestblätter", die sich des Holzschnitts bedienten und die auch die Verehrung der „Pestheiligen" (Sebastian, Rochus) förder-
ten. Neben Gebetstexten finden sich aber auch praktische Ratschläge zur Vorbeugung und Bekämpfung der Seuche.

Gesundheitsbücher mit dem Titel „Secreta mulierum" dienten weiterhin als weit-
verbreitete Aufklärungsschrift für Schwangere und Mütter, bis sie abgelöst wurden
von der Hebammenschrift des Eucharius Roeßlin mit dem Titel „Der schwangeren
Frauen Rosengarten" (1513). Auch ein Handbüchlein der Kinderheilkunde war 1473
von dem Augsburger Arzt Bartholomaeus Mettlinger verfaßt worden und diente als
„Regiment der jungen Kinder".

Aus allem ergibt sich, daß sich die Heilkunst (cura) auf zwei Gebiete erstreckte,
auf die Lebensführung (Hygieina) und die Heilmaßnahmen (Therapeutica). Lebensführung aber bedeutete durchweg „bona diaeta"; sie besteht im vernünftigen
Anwenden der sechs Lebensmuster, und diese sind: „aer, cibus, potus, somnus, vigilia, motus, quies, excreta, retenta, animi pathemata". So noch in den „Fundamaeta
Medica" (1647) des Henricus Regius, pagina 131!

Heilkunst und Lebenskunde, sie wuchsen in diesem Garten an einem Strauch und sollten Frucht bringen zum Heil des Leibes wie der Seele. In diesem „Garten der Gesundheit" aber solle der Mensch – so Paracelsus – möglichst „sein eigener Arzt" sein: „Denn so er der Natur hilft, so schenkt sie ihm seine Notdurft und gibt ihm zu eigen seinen Garten zu eigener Kultivierung".

4. Das Arznei-Buch

Als ein Vorläufer der Hausväter-Literatur mag das „Hausarzneibuch" gelten, das die laienmedizinische Literatur vor allem des 16. Jahrhunderts umfaßt, in erster Linie also medizinisch-therapeutische Laienliteratur beinhaltet. Die Herzog-August-Bibliothek zu Wolfenbüttel hütet mehrere Handschriften des 16. Jahrhunderts mit dem Titel „Arzneibuch". So bringt der Codex 55.3 Aug. 2° ein Arzneibuch „für Gebrechen der Männer und Weiber" mit einer Fülle von Rezepten, Segen, Ratschlägen und Gesundheitsregeln.

In die Gattung des Arzneibuches fällt auch der sog. „Bartholomaeus", ein frühmittelalterliches Rezeptarium, das in mehr als 200 Handschriften erhalten ist. Seine Quellen sind: Plinius, Marcellus Empiricus, Sextus Placitus, Pseudo-Apuleius sowie Autoritäten der Schule von Salerno. Der Wolfenbütteler Codex 17.11 bringt eine solche „Practica Bartholomei", die beginnt: „Practica dividitur in duo, in scientiam conservativam sanitatis et curativam egritudinis".

In einer Wolfenbütteler Handschrift (Codex 82.7) begegnet uns auch das „Arzneibuch" des Michael Schrick. Es beruft sich durchgehend auf griechische, arabische und lateinische Autoritäten. Hintergrund sind auch hier noch die klassischen Lebensmuster. So heißt es zu „motus et quies" etwa: „Die messlich bewegung ist dem leib gar vast gesundt". Neben einem Kräuterbuch bringt die Handschrift dann auch Anweisungen zum Aderlassen und Rezepte zu gebrannten Wässern.

In Heinrich von Laufenbergs „Versehung des Leibs" (Augsburg 1491) ist in gleicher Weise programmatisch die Rede „Von sechs stücken die man soll halten in der ordnung der gesundtheyt". Es folgen dann die „res non naturales" als 1. Übung (exercitium); 2. Speis und Trank; 3. Schlafen und Wachen; 4. Leerung der Überflüssigkeit (Baden, Aderlaß); 5. „von dem lufft" und 6. „zůfell im gemůtte". Die Lebensregeln werden ausdrücklich als legitimer Gegenstand der Heilkunst aufgefaßt: „darumb ist es ein bůch der arczney". Der Schluß lautet: „gott behütte uns alle vor we. Und wolle uns geben ewigklich růwe bey ime im hymmelrich".

Auffallend systematisch geordnet ist das „Vademecum" des Johann Wittich: „Vade mecum. Das ist: Ein künstlich New Artzneybuch / So man stets bey sich haben und führen kann" (Leipzig 1616) und das besonders „allen Hausvätern gantz nützlich" sei. Die Vorrede wendet sich an den Pfalzgrafen Friedrich bei Rhein und erwähnt seine Gärten zu Heidelberg. Das Arzneibuch bringt „Erstlichen eine Diaeta generalis, ad conservandam sanitatem utilis" und beginnt mit dem „Regimen Salernitanum". Es folgt ein „Unterricht / wie man in gemein durchs gantze Jahr / durch gute und doch geringe Mittel / Gesundheit erhalten möge".

In diese Gattung fällt auch das reich illustrierte „Haus-Feld-Arzney-Koch-Kunst- und Wunder-Buch" des Johann Christoph Thiemen (Nürnberg 1682). Da heißt es etwa:

„Allgemeine Gesundheit-Regul"

Dieweil die Hitz nun schwächt den Leib /
Bad, Lassen, Arzeney verbleib!
Trinkt Wein vermischt, esst warme Speis /
viel Schlaf, groß Arbeit meid mit Fleiß!
Milch, Molken, Quellen-Wasser klar /
mögt ihr nun trinken ohn Gefahr!
Von Alant trinkt gesottnen Wein /
Salat esst euer Speis lasst sein!
Gebratnes Schweinen Fleisch vermeid /
esst Rauten in der Morgen-Zeit!
All stark Bewegung jetzt verbleib /
Gesellt euch nicht zu offt zum Weib!"

Ein Prachtstück dieser Laienmedizin ist die „Curieuse Hauß-Apothec" mit dem Untertitel: „Wie man mit natürlichen geringen Mitteln seine Gesundheit erhalten und Krankheiten heilen" kann, verfaßt „Von einem Liebhaber der Medizin", erschienen zu Frankfurt 1699. Der Verfasser, Liebhaber der Medizin, gibt an, seine Erfahrungen niedergelegt zu haben auf Anraten eines „Herrn Leibniz aus Hannover", und er bekennt sich bereits in der Vorrede zum Motto der frühen Aufklärung, wonach „ein jeder christlicher verständiger Hauß-Vater" auch „sein eigener Medicus" sein solle.

Die „Hauß-Apothec" geht aus von „des Arztes Amt" und „des Patienten Gebühr". Sie beruft sich auf die alte „gute Diät", was nichts anderes heißt als „Mäßigkeit", und dies „desgleichen in den nonnaturalibus, in Essen, Trinken, Luft, Wasser, Schlafen, Wachen". Da finden sich dann auch die alten Weisheiten: „Wir Teutschen essen und trincken nicht, daß wir leben können, sondern fressen und sauffen uns kranck, zu Tod und in die Hölle". Oder auch: „Ja, mehr Menschen ertrincken in Bier, Wein und Brantwein, als im Wasser". Oder der gute alte Rat: „Halte dich warm, füll' nicht zu sehr den Darm, mach dich der Grethen nicht zu nah, wilt du werden alt und grau" (pagina 20).

Ein spätes Arzneibuch, aber noch ganz in der klassischen Überlieferung, bringt Bernardino Ramazzini mit seiner „De principum valetudine tuenda commentatio" (Padua 1771). Nach einer Praefatio mit dem Motto „non est vivere vita, sed valere" werden die beiden Teile der Heilkunst vorgestellt: „Hygieina" und „Therapeutica". Hierbei beruft sich Ramazzini ausdrücklich auf die beiden Töchter des Asklepios: „Hygieiam et Panaceam, binas sorores, Aesculapii filias, finxere veteres, primam quae custodiendae sanitati, alteram quae revocandae praeesset". Bewußt bezieht sich Ramazzini auch auf den Zwischenbereich der „neutralitas", wenn er von den „sex res non naturales" schreibt: „medium sunt inter ea, quae sunt secundum naturam et praeter naturam".

Von Johann von Beverwyck erscheinen – um noch ein Beispiel zu nennen – im Jahre 1671 zu Amsterdam ein „Schatz der Gesundheit" und kurz darauf (1672) auch der „Schatz der Ungesundheit". Das erste Buch bringt einen „kurzen Begriff der allgemeinen Bewahrkunst" (nach dem Schema der „res non naturales"), das zweite eine „allgemeine Arznei-Kunde". Aus den sechs Mitteln zur „Leibesgesundheit" entsprießt die „Kunst gesund zu leben", die Hygieine also, die hier noch „Wohllebens-

kunst" genannt wird, eine „salus privata", die unmittelbar zielt auf eine „salus publica", deren Realisierung freilich nur möglich scheint in einer „salus communis", in
kleinen überschaubaren Lebensgemeinschaften.

Immer noch aber dominieren in diesen Arzneibüchern die klassischen Regeln
der gesunden Lebensführung. „Hie hebt an die regel der gesuntheit", schreibt mit lapidaren Worten der Codex 573 Helmst. aus Wolfenbüttel, und weiter: „Man sol
mercken von VI dingen die alle natuerliche gesuntheit behaltend. Daß ist das essen
und das trincken, wachen und schlaffen, der luft, bewegung und ruwe und zufaellen
des sinnes und muttes als tanzen und frolich sein". Der Gesunde ist eben – nach all
diesen Traktaten – der mit seiner Natur in der kosmischen Ordnung integrierte
Mensch.

Erst um die Mitte des 17. Jahrhunderts sehen wir den Begriff „Diätetik" auf Regeln der „Diät" schrumpfen. Das „Diaeteticum" des Ludovicus Nonnius etwa führt
den Untertitel „De re cibaria" (Antwerpen 1645) und bringt auf 500 Seiten ausschließlich Regeln für kultiviertes Essen und Trinken mit zahlreichen Zitaten aus
der klassischen Überlieferung.

5. Gesundheitskonzepte der Hausväter-Literatur

Unter „Hausväter-Literatur" versteht man allgemein jene Traktate, die sich an den
„Hausvater" als den Repräsentanten von „Haus und Hof" wenden. Sie stellen ein
Gemisch dar aus Standeskunde (für Familie und Gesinde) und Wirtschaftslehre
(Landwirtschaft, Feldbau, Fischzucht). Vielfach bedienen sie sich auch des Titels
„Oeconomia", was mit dem griechischen Begriff „oikos" das „ganze Haus" umgreifen soll.

In Zedlers Universal-Lexicon (1735) noch war Gesundheit eher auf den privaten
Alltag zugeschnitten, so wenn wir lesen: „Gesunder, sanus, heißt derjenige, dessen
Leib und Seele sich recht und nach dem Trieb der Natur verhalten. Die vornehmsten
Zeichen der Gesundheit sind ein hurtig Ingenium, glücklich Gedächtnis, reine unverdorbene Rede, scharf Gesicht und übrige wohlgeübte Sinne, ruhiger Schlaf, ordentlicher Appetit, eine gute und rechte Dauung".

Demgegenüber bringt das „Lexicon" (1740) die Gesundheit in Beziehung zur
„Oeconomia animalis". Es unterscheidet dann weiter die „oeconomia privata" von
der „oeconomia publica", unter die auch die „Verwaltung des Hauswesens" fällt. Behandelt werden weiterhin die „oeconomischen Societäten", in denen Naturforscher
und Ärzte frühzeitig ihre gelehrten Zirkel gebildet hatten, und es schließt auch die
„Oeconomia divina" nicht aus, jene Verwaltung der Heilsgüter, die der „oeconomia"
ursprünglich ihren Namen gab.

In den Vordergrund rückt mehr und mehr die zu kultivierende Gemeinschaft der
kleinen Netze. Das „ganze Haus" gilt nicht nur als Hort der Gesundheit, sondern
auch als therapeutische Gemeinschaft, insofern auch die Alten und die Gebrechlichen in die häusliche Gemeinschaft integriert wurden.

Nun war der Lebensraum im ganzen Mittelalter und bis in die frühe Neuzeit in allen Bereichen ausgerichtet auf den Haushalt und die Pflege dieser Ökonomie. Haushalt im Sinne von „oikos" bedeutet einfach gesundes Leben in Gemeinschaft, Verbundensein in Nachbarschaften, in einem Beziehungsnetz, das über die Generationen hinweg geknüpft werden konnte.

Aus den frühbarocken Hausväter- und Hausmütter-Büchern sind wir denn auch eingehend informiert über die Alltagskultur einer Grundherrschaft. Da finden wir Vorschriften über den Umgang mit Mühlen und Ziegelöfen, das Berg- und Hüttenwesen, die Kultur von Obstbau und Gartenanlagen, darin eingeschlossen den Heilkräutergarten, den „Hortus sanitatis". Wir erfahren alle Einzelheiten über Viehzucht und Feldbau, über die Jagd und die Forstwirtschaft, und wir lernen auch das intime Wirken des Hausvaters kennen, sein Verhältnis zu Gott dem Herrn, zur Gattin und „Ehewirtin", zu den Kindern und zum Gesinde, sein Verhalten in den verschiedenen Jahreszeiten und in allen Lebenslagen.

In diesem Reich der kleinen Netze spielen sich die höchst lebendigen Wechselbeziehungen des Haushalts ab, und zwar nicht nur die Gegenseitigkeit im Miteinander, sondern auch die oft recht differenzierten Beziehungsfelder zur Umwelt und deren Bezugssystemen. Alles in allem begegnet uns hier die Binnenökonomik einer runden und vollen Wirtschaft, einer „oeconomia domestica", einer „Sittenlehre für Hausväter und Hausmütter, Kinder und Gesinde", einer in sich geschlossenen, erstaunlich reichen Alltagskultur.

Als Prototyp dieser Literaturgattung kann die mit einem Vorwort von Martin Luther versehene „Oeconomia christiana" des Justus Menius (1499–1558) gelten, die 1529 zu Wittenberg erschien. Alles hängt in dieser „Wirtschaftslehre" vom Gehorsam gegen Gott ab, das ganze häusliche Wohl wie auch das ewige Heil. So kann man denn auch bei Luther lesen, daß uns nicht nur die „Moralia" trösten und heilen, sondern auch die so handfesten „Diätetika" des Leibes. „Denn der Leib – so Luther – ist nicht dazu gegeben, daß er sein natürliches Leben und seine natürlichen Funktionen töte, sondern allein seinen Übermut".

Das bekannteste Werk dieser Literaturgattung aber wurde die „Oeconomia ruralis et domestica" des Johannes Colerus, die zwischen 1593 und 1711 nicht weniger als 14 Auflagen erlebte. In dieser Haushaltslehre wird erstmals systematisch versucht, das wirtschaftlich-technische Wissen mit der religiösen Haltung in Einklang zu bringen. Von Johannes Colerus stammt ein weiteres „Calendarium oeconomicum et perpetuum" (Wittenberg 1591), das sich im Titelblatt wendet: „Vor die Hauß-Wirt/ Ackerleut / Apotecker / und andere gemeine Handwercksleut / Kaufleut / Wanderßleut / Weinherrn / Gärtner und alle diejenigen so mit Wirtschafft umbgehen". Die „Wirtschaft" im alten Wortverständnis ist auch hier das Hauptanliegen, wie bereits aus der Widmung an Christian Richter in Lübeck hervorgeht, wo wir lesen: „Es mus doch alle Welt bekennen und sagen / das eine gute Wirtschaft sey ars artium et scientia scientiarum".

Die Übersetzung „Hausvater", was über das lateinische „pater familias" auf das griechische „oikodespotes" zurückgeht, verdanken wir übrigens Martin Luther, von dem auch der Begriff „Hausherr" stammt, der mit seinem „Vateramt" in allen Lebensbelangen ein „väterlich Herz" gegen die Seinigen tragen sollte.

Aus der Fülle der „Hausväter-Bücher" seien nur die beiden wichtigsten ausführlicher beschrieben; man könnte sie auch als „Klassiker der Hausväterliteratur" bezeichnen, nämlich:

► Helmhard von Hohberg: „Georgica curiosa acuta, das ist ein umständlicher Bericht und klarer Unterricht von dem Adelichen Land- und Feld-Leben" (Nürnberg 1682).

► Franciscus Philippus Florinus: „Oeconomus prudens et legalis; oder Allgemeiner Kluger und Rechtsverständiger Haus-Vatter" (Frankfurt und Leipzig 1722).

Der niederösterreichische Landadelige Wolf Helmhard von Hohberg (1612–1688) schildert uns in seinem Hausbuch die Sorge um das Haus (cura domestica), wie sie ein kluger Hausvater (Oeconomus prudens) nun eimal aufzubringen hat. Der Ökonom, das ist einfach der „Wirt" im alten Sinne, der Pfleger des Haushalts, der Leiter einer gesunden Lebensordnung für alle, die ihm anvertraut sind. Er ist es, der in seiner weisen Vorsicht die Normen setzt und die Pläne für die Wirtschaft entwirft. Alle Sachen sollen ja „weislich und mit Vernunft" getan werden, keine Arbeit zuviel, keine notwendige unterlassen, alles mit Zucht und Maß.

Und so behandelt die „Georgica curiosa" durchgehend die „geschickliche Wissenschaft, recht hauszuhalten", so wie Gott, der „oberste Haus-Vater", es verordnet hat. In diesem Werk geht es einzig und allein darum, „daß ein Hausvater Gott fürchten, mit seiner Ehewirtin sich begeben, seine Kinder erziehen, seine Bedienten und Untertanen gubernieren und seiner Wirtschaft von Monat zu Monat vorstehen solle". Das erste Buch schildert uns die Sozialstruktur einer Grundherrschaft, das „adelige Land- und Feldleben". Im zweiten Buch geht es um das intimere Wirken im Kreis der Familie. Im dritten Buch kommt die „Hausmutter" zu Ehren, ihr Aufgabenkreis am heimischen Herd, die Erziehung der Kinder, die Verwaltung der Küche, darin auch die Hausapotheke, sowie die Sorge um den Heilkräutergarten, den „Hortus sanitatis".

Ganz ähnlich gründet nun auch der „Oeconomus prudens et legalis" (1722) des Florinus die Regeln hausväterlicher Gewalt „auf die Erfahrung und das Christentum". Dabei wird eigens betont, da8 ein vernünftiger Hausvater auch „des Rechts und der Arzney kundig seyn solle", auf daß es seinem Haushalt „nicht allein einen zierlichen Wohlstand, sondern auch ersprießlichen Nutzen bringen werde". Da aber die Gesundheit „als das edelste Kleinod, so er unter allen seinen zeitlichen Gütern besitzen kann", zu betrachten sei, müsse ein kluger Hausvater auch „seine eigene Leibes-Constitution" und alles, was damit zusammenhänge, so viel wie möglich kennen.

Dem Hausherrn ist aber nicht nur die Herrschaft über Haus und Hof, Frau, Kinder und Gesinde anheimgegeben, sondern auch die volle Verantwortung für das körperliche und seelische Wohl des einzelnen in der Gemeinschaft.

Ein guter Hausvater wird sich bemühen, „seine Sachen täglich in solcher Ordnung und Richtigkeit zu halten und sein Haus so zu bestellen, als ob er heute sterben sollte". So Julius Bernhard von Rohr in seinem „Hauswirtschaftsbuch" (1722), wo es weiter heißt: „Seiner Seelen nach wird er solche Praeparatoria machen, als ob er alle Tage sterben sollte, bei der Arbeit sich aber so aufführen, als ob er so alt wie Methusalem werden könnte". Von den Pflichten der Hauswirtin erfahren wir hier, daß sie in ihrem Hause eine kleine Haus-Apotheke anlegen solle, um „allerhand dienliche Medicamenta" in Bereitschaft zu haben, so „köstliche Theriacke, Mithridate, rote Pulver, Schweiß-treibende Artzneyen, damit sie im Fall der Noth, weil die

Medici auf dem Lande nicht allezeit geschwinde zu haben, vor sich, vor die Ihrigen und vor ihre Unterthanen probate und sichere Mittel bei der Hand habe".

Mit der zweiten Hälfte des 18. Jahrhunderts tritt dann mehr und mehr auch die „Hausmutter" auf den Plan, so exemplarisch in dem Standardwerk von Christian Friedrich Germershausen mit dem Titel: „Die Hausmutter in allen ihren Geschäften" (Leipzig 1778–1781). Angesprochen wird zunächst einmal die „Landesmutter" als „Obermutter", dann aber auch jede einfache Hausfrau. Für die „Hausmutter" gilt das gleiche Gesetz wie für den „Hausvater", nämlich „mit Vernunft und Kenntnis" zu regieren. Daher müsse eine jede Hausmutter lesen und schreiben können, was in der Blüte der Aufklärung noch keineswegs selbstverständlich war. Germershausen verlangt eine prinzipielle Gleichstellung von Mann und Frau, was sich gerade in der Wirtschaftsführung auswirken müsse.

Gleichwohl ließe sich in der Wirtschaft eine gewisse Arbeitsteilung nicht vermeiden. Kindererziehung und Krankenpflege seien ein altbewährtes Gebiet der Hausmutter. Auch die Anlegung eines Kräutergartens, die Aufsicht über die Hausapotheke, jede Art von Erster Hilfe und ähnliche Alltagspflichten gehörten selbstverständlich in die Hand der Frau.

Germershausens „Hausmutter" (1778) bringt alsdann ausführliche Abhandlungen über Schwangerschaft, Geburt, Wochenbett, Säuglings- und Kinderpflege. „Vom Verfasser der Hausmutter" erscheint bald auch ein weiteres Werk über den „Hausvater in systematischer Ordnung" (1783), sowie noch ein Spätwerk, das Germershausen als „Oeconomisches Reallexikon" (1795) bezeichnet, in dem in alphabetischer Anordnung alle Belange einer Hauswirtschaft ausführlich behandelt werden.

Es wundert aber auch nicht, daß man in all diesen Jahrhunderten, wo man den schneidigen Eingriff eher scheute und auch bei allen Arzneimitteln eher skeptisch blieb, gerade in der Frauenheilkunde der gesunden Lebensführung, der Diätetik im weitesten Sinne, eine solche Bedeutung zumaß. So brachte in seinem „Vademecum" (1607) Johann Wittich einen Traktat mit dem Titel: „Ordnung, wie eine Frau sich halten solle in allen Sachen, so die Ärzte sex res non naturales nennen", sechs Regeln also zu gesunder Lebensführung, als da sind: Umwelt und Ernährung, Bewegung und Ruhe, Schlafen und Wachen, Stoffwechsel und Affekthaushalt.

Eingebaut in diese „Ordnung" findet sich eine „Diät für Schwangere", die anrät, auf schwerverdauliche Speisen zu verzichten, so auf Linsen und Bohnen, auf gesalzenes Rindfleisch wie auch auf Käse. Zu empfehlen seien indes junge Hähnchen, Geflügelragout und Kalbfleisch. Über die Kultur von Speise und Trank hinaus finden dann auch die weiteren Regeln Beachtung: Zu vermeiden seien Reiten und Rennen sowie das Tragen von Lasten. Nützlich hingegen sei gediegener Schlaf. Die Kleidung sei locker und angenehm. Fernhalten solle eine Schwangere Sorgen, Trauer und Zorn, wie auch jede Art von Schrecken. Sehe sie jedoch heiter und fröhlich ins Leben, so lasse sich auch ein frohgemutes Kindlein erwarten. Soweit zum Vademecum für die Frauen!

Die Hausväterbücher zeigen noch einmal die breite Verwurzelung der antiken wie scholastischen Überlieferung. Das Grundprinzip der „mesotes" ist ebenso noch zu finden wie das der „paideia" oder des „oikos". Diese Literaturgattung zeigt aber auch bereits das ganze Spektrum der wissenschaftlichen und politischen Veränderungen der frühen Aufklärung. Ihre „Hausmedizin" bot aber auch eine wesentliche Grundlage der ökonomischen und sozialen Sicherheit einer Hausgemeinschaft. In all diesen Schriften waren denn auch neben den technischen und rechtlichen Aspekten immer die Problemfelder zwischenmenschlicher Beziehungen in einer solchen Wohn-, Arbeits- und Lebensgemeinschaft behandelt worden.

Für diese grandiose Szenerie einer Regulierung und Modifizierung des Lebens, die weit über eine bloße „Geschichte der Zivilisation" hinaus eine systematische Alltagsstatistik liefern könnte, bieten sich auch heute noch die „Lebensordnungslehren" dieser Hausväter-Literatur an. Sie konnte sich – in familiarer Atmosphäre – im sozialen Fluidum repräsentieren; sie stand somit im vollen Einklang mit den Programmen der frühen Aufklärung.

Erst mit dem Zusammenbruch der bäuerlich-adeligen Sozialstruktur im Verlaufe des 18. Jahrhunderts wurde den Hausväterbüchern als klassischer Literaturgattung der Boden entzogen.

Kapitel 3

Die neue Zeit

Vorbemerkung

Auf der Suche nach alten Gesundheitsbüchern fiel mir ein altes, ein besonders schönes „Loblied auf die Gesundheit" in die Hände, ein Lob der „beata sanitas", einer glückseligen, so beseligenden Gesundheit –, verfaßt von Christoph Bitterkraut im Jahre des Heiles 1677, mit dem barocken Titel: „Wehmütige Klag-Tränen der löblichen höchst-betrankten Artzney-Kunst". Darin wird zunächst einmal der alte Seneca zitiert mit seiner „großen Liebe und Ehrfurcht" (magna charitas, magna reverentia) gegenüber der Heilkunst. Dann aber überstürzen sich die Fragen: Was auch wäre mehr wert als die Gesundheit? Was hülfe ein herrlich prächtig Haus und noch so köstlicher Hausrat? Was wären „Gut und Geld" ohne Gesundheit anderes als „Kreuz, Marter und Pein?"

Es folgt alsdann das uralte Preislied: „O sanitas beata! O sanitas amanda! O sanitas colenda!", auf gut Deutsch: „O selige, liebreiche, aller Ehren würdige Gesundheit! – Sei und bleibe mein immerwährender Gefährte in diesem Leben! Denn alles, was nur immer gut und lustig und annehmlich, was Ehre und Liebe bringen und geben kann, dieses ist einzig und allein bei dir. Was in großer Goldmenge bestehet, was in lustigen Büchern zu finden, von fürstlichen Gnaden zu hoffen, in der ehelichen Liebe zu verlangen, und was sonsten der Welterschaffer reichlich mitteilet. Dies alles grünet und blühet in dir (tecum viget, viretque, o sanitas beata)"!

Immer wieder betonen die alten Gesundheitsbücher denn auch, daß wir Gesundheit als eine besondere Gabe der Natur anzusehen haben, die nicht nur als Geschenk anzunehmen, sondern als eine humane Aufgabe zu pflegen sei, die daher jeder einzelne persönlich zu seinem Lebensprogramm zu machen habe. Es gehöre einfach zu den Grunderfahrungen des Menschen: daß ihm alle Dinge, die der Befriedigung seiner Bedürfnisse dienen, zwar von Natur aus gegeben seien (res naturales), daß er aber zu jedem Punkt noch etwa dazutun müsse (res non naturales), um seine Gesundheit zu erhalten und zu bilden.

Erfahrungen dieser Art waren es wohl nicht zuletzt, welche die Heilkunst immer auch zu einer Lebenskultur gemacht haben. Überall dort nämlich, wo uns im Alltag die Risiken drohen, liegen zugleich auch die Chancen, und so sehr uns auf dieser Lebensreise auch allenthalben die Gefahren umlauern, so sehr stehen Hilfen und Stützen und Tröstung bereit.

Der Perspektivenwandel beim Übergang vom Mittelalter in die neuere Zeit ist freilich kaum zu übersehen. Richtete sich die durch private Lebensführung gebildete Gesundheit aus auf die Vertikale – dargestellt etwa durch die aufstrebende Tugendleiter –, so bekommt sie mit der Renaissance eine betont horizontale Ausrichtung –, abzulesen etwa am „Jungbrunnen" Ludwig Cranachs des Jüngeren, wo die säkularen Belange und Bedürfnisse drastisch zum Ausdruck kommen. Im Zeitalter der Aufklärung werden aber nicht nur längst vergessene Konzepte der älteren Gesundheitslehre wieder aufgegriffen, sondern auch neue Perspektiven eröffnet und beachtliche Programme entwickelt für eine systematische Gesundheitsschulung aller gesellschaftlichen Kreise, was einem neuartigen sozialen Auftrag gleichkam, der sich bis zum Tage gehalten hat.

In einem kleinen, überaus geistreichen Traktat mit dem Titel „Was heißt: sich im Denken orientieren?" hatte Immanuel Kant denn auch gefolgert: „Aufklärung in einzelnen Subjekten durch Erziehung zu gründen, ist also gar leicht; man muß nur früh anfangen, die jungen Köpfe zu dieser Reflexion zu gewöhnen. Ein Zeitalter aber aufzuklären, ist sehr langweilig; denn es finden sich viele äußere Hindernisse, welche jene Beziehungsart teils verbieten, teils erschweren". Und trotz alledem: Aufklärung, die einmal angesetzt hat, bewirkt im Eingriff steten Wandel und postuliert den zweiten und dritten und stetigen Eingriff. „Ein solches Ereignis vergißt sich nicht mehr", hatte Kant gesagt: „Die wissenschaftliche Aufklärung ist nicht ein Ereignis, das man rückgängig machen könnte; sie ist unser Schicksal".

1. Das Gesundheits-Programm bei Leibniz

Im Geiste der Aufklärung hatte Gottfried Wilhelm Leibniz (1646–1716) ein weitgespanntes wissenschaftliches Programm vorgelegt, in dem vor allem die Medizin eine tragende Rolle spielen sollte. Wie alle Künste und Wissenschaften sollte auch und besonders die Heilkunde dem „gemeinen Besten" dienen. Gäbe es doch auf Erden nichts „Süßeres, ja nichts der Gesundheit Dienlicheres", als in Freude und in der „Ruhe des Gemüts" an dieser Idee mitzuarbeiten. Zu keinem anderen Zweck habe Gott „die vernünftigen Kreaturen" geschaffen, als daß sie das „bonum publicum", das Wohl aller Menschen beförderten und damit einer „harmonia universalis" dienten.

Als „das kostbarste aller irdischen Güter" aber erscheint bei Leibniz „die Gesundheit des Körpers". Ein zufriedener Geist in einem gesunden Körper garantiere am ehesten unsere individuelle Wohlfahrt und gebe damit auch dem öffentlichen Leben einen Sinn.

In diesem Sinne stellt Leibniz einen systematischen Lebensplan auf, ein positives Programm, wie wir es auch in anderen Wissenschaften und Künsten annehmen. „Sehen wir nicht jeden Tag neue Entdeckungen, nicht nur in der Technik, sondern auch in der Philosophie und in der Medizin? Warum sollte es nicht möglich sein, eines Tages bis zu einer wirklichen bedeutenden Erleichterung unserer Leiden zu gelangen?" Sollten wir nicht die Woge der Fortschritte, die wir um uns auffluten sehen, auch bis in unsere eigene Existenz hineinströmen lassen? „Ohne Schwierigkeiten könnte in vielen Fällen unseren Leiden abgeholfen werden, wenn nur erst einmal – von anderen Künsten will ich hier schweigen – eine Physik oder Medizin von sozusagen vorsorgender Art begründet ist".

Nicht nur eine neue Lehre von der Gesundheit scheint Leibniz vonnöten, sondern auch eine höhere Form der Gesundheitsbildung und damit einer Gesundheitsplanung und Gesundheitspolitik. Gehe es doch längst nicht mehr allein darum, „die Kennzeichen der Krankheiten und der Heilmethoden, wie bisher die Ärzte getan", systematisch darzustellen, „sondern auch die Stufen der Gesundheit und der Neigungen zu Krankheiten" in Regeln zu bringen. Würde man endlich einmal alle diese Zwischenstufen und Verbindungen von Gesundsein und Kranksein systematischer untersuchen, so würde bald schon „ein unglaublicher Apparat wahrer Lehrsätze und Beobachtungen entstehen".

Voraussetzung solcher „Gesundheitsregeln" freilich wäre die Kenntnis „aller Kleinigkeiten, darin ein Mensch in Gesellschaft beim Essen, Trinken, Schlafen, in seinen Haltungen und Bewegungen etwas Sonderbares und Eigenes hat". Alle diese Umstände, die einem Menschen alltäglich „an seinem Leibe begegnen", müsse man vermerken, gegeneinander halten und untereinander vergleichen.

Zur Organisation eines solchen Gesundheitswesens – das eben etwas mehr sein müßte als ein Krankenversorgungswesen – schlägt Leibniz die Einrichtung besonderer Konvikte, Orden oder Sozietäten vor. Zuvor aber müßten Fragebogen zur diätetischen Lebensführung angelegt werden, in denen man alles, was einem Individuum „vorher an seinem Leben begegnet ist, vergleichen" und „auf das, was ihm hernach begegnet, Achtung geben". Auf diese Weise würde man schließlich für jedermann „eine Naturgeschichte seines Lebens" zur Verfügung haben und „gleichsam ein Journal" über die Lebensführung eines jeden Bürgers. Nur auf dem Wege eines systematischen Gesundheitsschutzes und einer umfassenden Gesundheitsplanung erreiche man „Gesundheit und Lebensverlängerung" und endlich die „ewige Glückseligkeit".

Leibniz folgert daraus: „Eine solche Glückseligkeit des menschlichen Geschlechtes wäre möglich, wenn eine allgemeine Verschwörung und ein Verständnis nicht unter die utopischen Chimären zu rechnen und zur Utopia des Morus, zum Sonnenstaat des Campanella und der Atlantis des Baco zu setzen wären, und wenn nicht gemeiniglich der allergrößten Herren Pläne von allgemeiner Wohlfahrt zu weit entfernt wären". Die allgemeine Wohlfahrt – die „salus publica" – erscheint hier als Kriterium, und sie bleibt die Richtschnur einer jeden sich in die Zukunft spannenden Wissenschaft.

Wirtschaft und Diätetik aber, Wissenschaft und Religion sollten sich in diesem weitausschwingenden Programm die Hand reichen, wobei Medizin und Naturwissenschaft den Auftrag einer Missionierung der Welt zu übernehmen hätten. Die Heilkunde solle nicht mehr das Privileg einzelner sein; sie solle für alle wirksam werden: durch systematische Verbreitung des ärztlichen Wissens, durch stetige Aufklärung des Volkes, durch Verantwortung der Herrschenden für die Förderung der Wissenschaften. Die Gesundheitsfürsorge im alten karitativen Stil sollte endlich ersetzt werden durch ein gesellschaftspolitisches Programm.

Für dieses Programm einer neuen Heilkultur hat Leibniz nicht nur eine faszinierende Synopsis des medizinischen Wissens seiner Zeit vorgelegt, sondern auch schon eine konkrete Forschungsrichtung angezeigt, seine „Directiones ad rem medicam pertinentes" (1672), um mit solchen Direktiven ein auffallend geschlossenes Gesundheitsprogramm in unseren Horizont zu stellen. Nur so konnte er in seinem Memorandum die Medizin als eine „Ars combinatoria" entwerfen, als eine interdisziplinäre Heilkunde zwischen Anthropologie, Psychologie und Soziologie, wobei die Vorsorge und die Nachsorge für die Genesenden wichtiger sein sollten als alle bloß kurative Sorge um die Kranken. Alle Disziplinen aber müßten sich vereinigen in einer „Werkstatt für Experimente" ebenso wie in „Seminaren der Kunstfertigen".

In einer Art „Ordensregel" werden alsdann dem einzelnen Arzte folgende Pflichten auferlegt:

1. Er ist verantwortlich für die gesamte Lebensführung des Menschen, für einen diätetisch ausgerichteten Lebensstil.
2. Dem Arzt untersteht die Lebensmittelaufsicht. Er hat zu sehen auf Viktualien und Fleischbänke, vor allem aber auf das Brauwesen und die verschiedenen Getränke.
3. Die ärztlichen Erfahrungen sollen sich in einem Archiv niederschlagen, das statistische Erhebungen anstellt über Wetter, Landwirtschaft, ansteckende Krankheiten und das konkrete Sterberegister anlegt.
4. Registriert werden weiterhin alle wissenschaftlichen Experimente und Erfahrungen, die als „Medizinalberichte" in Handbüchern zusammengefaßt werden.
5. Gefordert werden schließlich regelmäßige Kontrolluntersuchungen der Gesamtbevölkerung, Generalvisiten der Apotheken, ja sogar ärztliche „Generalbeichten" für alle Bürger.

Alles das – schließt Leibniz – ließe sich recht organisch eintragen „in die öffentliche Schatzkammer der nützlichen Wissenschaften". Die Medizin war für Leibniz ein gigantisches Experimentierfeld geworden, wo Erfahrung und Bildung des Arztes mit Beobachtung und Experiment des Naturforschers ein fruchtbares Bündnis eingehen sollten.

Aufgabe der kommenden, einer aufgeklärten Gesellschaft sei es – so Leibniz – die Natur der Kunst zu unterwerfen, menschliche Arbeit leichter und menschliches Leben genußreicher zu machen. Alle Wissenschaften richten sich fortan auf den Nutzen auf „das gemeine Beste". An die Stelle des Seelenheils tritt das Allgemeinwohl, dem insbesondere die Wissenschaft zu dienen hat. Vor diesem Hintergrund haben die Politiker nichts Wertvolleres zu tun, als durch „Imitation" nachzuahmen, was die Wissenschaften aufgedeckt haben, um es nunmehr in einem Universum von Regeln brauchbar zu machen. Was Gott in der Welt getan, wird nun im säkularisierten Sektor transformiert und praktiziert. Dazu allein dient die Wissenschaft – und in erster Linie die Medizin.

In seinem Memorandum (1700) hatte Leibniz einen detaillierten Plan vorgelegt, wie man Medizin und Chirurgie verbessern könne (rem medicam et chirurgicam zu verbessern). Er konzentrierte sich dabei auf die folgenden sechs Punkte:

1. Man muß wesentlich gründlicher die Anatomie betreiben, und zwar an Tieren wie an Menschen „und dazu keine Gelegenheit versäumen".
2. Aufzubauen wären genaueste medizinische Berichte, „nicht allein von Raritäten der Krankheiten, da uns doch häufige Beschwerden mehr quälen, sondern auch gemeine, aber nur zu wenig untersuchte Sachen".
3. Wir brauchen ferner exakte medizinische Untersuchungen mit Hilfe einer „Ars combinatoria", damit „kein Umstand noch Anzeichen ohne Überlegung entwischen könne".
4. Zu den diagnostischen Untersuchungen gehört in erster Linie die chemische Analyse der Körpersäfte, deren Reaktionen „bis auf die feinsten und letzten Unterschiede so genau wie möglich festzustellen sind".

5. Wir brauchen schließlich eine Systematik nicht nur der „Krankheiten und Heilmethoden", sondern auch eine Kenntnis „der Stufen der Gesundheit und der Neigungen zu Krankheiten".

6. Mit einem solchen Apparat ließen sich nicht nur „der Leute natürliches Genie
und Neigung" wie auch ihre „gegenwärtige zeitweise Leidenschaft" leichter erkennen und lenken; es ließe sich sicherlich auch ein erheblicher und sehr konkreter Einfluß auf Moral und Politik erzielen.

Realisieren ließen sich solche Programme freilich nicht im Raum und Rahmen jener
Medizinischen Fakultäten, die damals bereits im scholastischen Klischee verkrustet
waren. Dazu wäre – so Leibniz – ein öffentlicher Gesundheitsdienst vonnöten, den
nur der aufgeklärte, der absolutistische Staat zu tragen vermag.

Aus ihrer inneren Gewichtigkeit mußte sich für Leibniz eine architektonisch
strukturierte Medizin erstrecken nicht nur auf die Naturwelt, sondern auch auf die
Umwelt, die Mitwelt und alle Erlebniswelten. Diese Leitlinien waren es denn auch,
die mit dem Beginn des 18. Jahrhunderts Gestalt gewannen, um dann immer deutlicher die zeitgenössische Medizin herauszufordern.

Aufgestellt war bei Gottfried Wilhelm Leibniz schon das Konzept einer „Integralen Medizin", einer Heilkunde, die Gesundheit wie Krankheit umfaßte, die als eine
alle Lebensbereiche umfassende „medicina privata" dann auch ausgreifen sollte auf
die „salus publica", eine Öffentliche Wohlfahrt, die das persönliche Wohlergehen
durchgehend zu integrieren hätte. Nur so konnte die Medizin – nach Leibniz – zu einem wirklichen „Gesundheitswesen" werden.

Für eine solche Programmatik der allgemeinen Lebensqualität hat uns die Aufklärung weitgespannte, wenn auch nie zum Tragen gekommene Strategien vorge-
zeichnet. So hatte Kant schon die Aufklärung als solche als „Evolution einer naturrechtlichen Verfassung" verstanden, die über die „Kultur des Individuums" letztlich
den „großen Naturzweck der Kultur der Gattung" zu verfolgen habe.

2. Gesundheitsbilder der Aufklärung

Mit dem aufgeklärten 16. und 17. Jahrhundert gehen die Lebensmuster zu gesunder
Lebensführung immer deutlicher aus dem Bereich der „Medicina privata" über auf
die Felder der „Medicina publica". Ausdruck dafür ist der Begriff des „Hygiasticon"
und später der „Hygiene", der immer häufiger an die Stelle von „Diaeta" oder „Regimen" tritt.

Als erste repräsentative Darstellung einer „Medicina publica" dürfen wir des
Joachim Struppius „Reformation zu guter Gesundheit" (1573) ansehen. Der genaue
Titel lautet: „Nützliche Reformation / zu guter Gesundheit / und Christlicher Ord-
nung / sampt hierzu dienlichen erinnerungen / waser gestalt es an allen Örtten / wie
auch allhier / zur Seelen und Leibes wolfarth / etc. löblichen und nützlichen halten".
Gedruckt zu Frankfurt im Jahre 1573.

Zu der Leiber Gesundheit gehört in erster Linie die Sauberkeit der Luft und der
Städte. „Denn ja Gott nicht ein Gott ist der Barbarischen unordnung oder viehischen
unlustigen lebens und wesens, sondern er lasset sampt seinen lieben Engeln reinig-
keit beide, der hertzen, der Leiber und der Örter, da er wohnen will, gefallen". Es sei

daher Gottes ernster Befehl, „der da allen Christen bewußt sein soll, nämlich daß wir unsere Leiber nicht als unser, sondern Gottes Ebenbild in Ehren sollen halten".

Der Nutzen einer solchen Reformation der Lebensordnung liegt nach Struppius auf der Hand. „Ist gar kein Zweifel, daß man gar selige, blühende, aufgehende und glückselige Lande und Städte werde haben, ja, daß nicht allein Gott dem Herrn ein sonder Dienst und Wohlgefallen hiedurch geschehe: sondern es würden uns allen beide eigene privat Strafen, Creutz und Krankheit, samt den allgemeinen dreyen Ruten des Herren ... dermaßen von Gott gelindert werden, daß wir aus solchen schweren schwinden Zeiten endlichen errettet wieder ergetzung bekämen". Alle Punkte der Lebensordnung dienen ja letztlich dem „gemeinen Nutzen" und kommen daher einem jedem Bürger – „auch zu hauß und hofe" – wieder zugute. Kommt doch alles aus Gottes lebendiger Weisheit, der da ist „ein lebendiger Brunnen aller guten seligen Ordnungen und ein Feind aller Confusion und Unordnung".

Eine tiefgreifende Kritik am Gesundheitswesen seiner Zeit gab auch Hippolyt Guarinonus mit seinem Werk „Die Greuel der Verwüstung menschlichen Geschlechts" (1610). Der Wert der Gesundheit gehe schon allein daraus hervor, daß man sich beim alltäglichen Gruß zu fragen pflege, wie es gehe, um dann zu antworten: Es gehe wohl, weil man gesund sei. So als wolle man sagen: Es gehe sonst, wie es wolle, und sei man auch noch so sehr mit Arbeit und Sorgen beladen, mit Kreuz und Leid umgeben, mit Hunger und Durst oder anderen Widerwärtigkeiten –, wenn man nur seine Gesundheit („das Gesond") habe, so könne man alles ertragen.

Was sich mehr und mehr durchsetzt, ist der Begriff „Hygieine", der sich gleichwohl noch auf den diätetischen Topos von den „sex res non naturales" bezieht. In diesem Sinne konnte 1715 der damals schon weltberühmte Friedrich Hoffmann (1660–1742) seine „gründliche Anweisung" geben, „wie ein Mensch vor dem frühzeitigen Tod und allerhand Arten Krankheiten durch ordentliche Lebensart sich verwahren könne". Was auch wohl solle auf dieser Welt dem Menschen teurer und lieber sein als seine Gesundheit? Sie schenke uns die wahre Glückseligkeit, die darin bestehe, „daß man in Gott vergnügt und ruhigen Gemütes sei, daß man eine gesunde und wohl kultivierte Vernunft habe und daß man dabei sich auch der Leibes-Gesundheit zu erfreuen habe".

Hoffmann gibt alsdann seine sieben Regeln zu „heilsamer Lebensart", die lauten: 1. Meide alles, was zu viel ist, weil dies der Natur zuwider! 2. Vorsicht bei Veränderungen, da die Gewohnheit gleichsam unsere zweite Natur. 3. Sei allzeit fröhlich und ruhigen Gemütes – das ist die beste Arznei! 4. Halte dich auf in reiner luft, einer wohl temperierten, und so lange, wie möglich! 5. Leiste dir die besten Nahrungsmittel, die dem Leibe leicht eingehen und geschwind ihn wieder passieren! 6. Messe und wäge alle Speisen genauestens ab nach des Leibes Bewegung und seiner Ruhe! 7. Wer seine Gesundheit liebt, der fliehe die Medicos und alle Arzneien!

In die historischen Gefilde vordringend und die sozialen Lebensbereiche umgreifend, hatte im Jahre 1752 der schottische Arzt Jakob Mackenzie „Die Geschichte der Gesundheit und die Kunst, dieselbe zu erhalten" vorgelegt. Seiner Gesundheitsgeschichte gab er den bezeichnenden Untertitel: „Eine Nachricht von dem allen, was die Aerzte und Weltweisen von den ältesten bis auf gegenwärtige Zeiten zur Erhaltung der Gesundheit angepriesen". Hier wird noch einmal im Überblick jene zweitausendjährige Heilkunde dargestellt, die sich als eine reine Gesundheitslehre verstand und deren fundamentale Säulen waren: 1. die „naturales", die Natur-Dinge mit ihren Elementen, Säften, Qualitäten und Tugenden; 2. die „extra-naturales", alle Krankheiten nämlich mit ihren lebensfeindlichen Tendenzen und 3. die „non-naturales", als da sind: Licht und Luft, Speise und Trank, Bewegung und Ruhe, Schlafen und Wachen, Auffüllung und Entleerung sowie die Gemütsbewegungen.

Im Geiste dieser frühen Aufklärung war wenig später, im Jahre 1776, in Frankfurt ein „Philanthropinischer Erziehungsplan" erschienen mit dem erläuternden Untertitel: „Vollständige Nachricht von dem ersten wirklichen Philanthropin zu Marschlins". In philanthropischer Gesinnung sollten in dieser Gesamtschule jene „Arten von Kenntnissen" vorgetragen werden, „die man sonst auf Schulen gar keiner Aufmerksamkeit würdigte, und welche gleichwohl kein Mensch entbehren kann, der sich und seinen Mitmenschen nützlich werden will". Diese Wissenschaften aber heißen hier: „die Oekonomie und die Theorie der Gesundheitsfürsorge".

Gefragt wird zunächst, ob man es nicht allgemein zu beklagen habe, daß man „in den Jahren des Unterrichts" nirgendwo gerade „mit diesen Wissenschaften" bekannt gemacht werde? Und gefragt wird auch, ob nicht derjenige „in dem allerschlimmsten Verstande ein Unwissender" sei, der nicht gelernt habe, „wie er die wichtigsten Bedürfnisse seines irdischen Lebens besorgen soll"? Die Kunst aber, seine Gesundheit zu erhalten und dies kostbare Kleinod vor so viel Gefahren zu sichern, erscheint im „Philanthropin" wichtiger als alle Wörterbücher auswendig zu lernen oder alle philosophischen Systeme an den Fingern herzuzählen. Die „Theorie der Gesundheitssorge" aber ließe sich bequem in die beiden Rubriken bringen: „Kluges Verhalten in gesunden Tagen, zu Erhaltung der Gesundheit, und: Kluges Verhalten in Krankheiten, zu Wiederherstellung derselben".

Aus dem üppigen Schriftenkranz dieser „Medizinischen Aufklärung" greife ich abschließend ein besonders temperamentvolles Konzept aus dem Jahre 1790 heraus, in welchem zum ersten Male mit großer Energie die Gesundheit nicht als bloßes Freisein von Krankheiten deklariert wird, sondern als Summe aller leiblichen Kräfte und Fähigkeiten aufgefaßt werden konnte: „Ich brauch's ja wohl nicht erst zu sagen, daß ich hier unter Gesundsein nicht die Abwesenheit von eigentlichen Krankheiten, sondern die gesamten körperlichen Kräfte und Fähigkeiten des Menschen auf der höchstmöglichen Stufe ihrer Vollkommenheit verstehe".

Dieser auch für die damalige Zeit erstaunliche Satz findet sich bei Johann Christian Friedrich Scherf (1750–1810), der Arzneiwissenschaft und Wundarzneikunst Doktor, dazu Hochgräflich-Lippe-Detmoldischer Hofmedikus und Medizinalrat, der 1790 seine „Beyträge zum Archiv der medizinischen Polizei und der Volksarzneikunde" herausgab, wobei wir hier schon unter „Medizinischer Polizei" den Öffentlichen Gesundheitsdienst zu verstehen haben, unter „Volksarzneikunde" aber nichts anderes als die klassische Gesundheitserziehung.

In seinen „Anmerkungen zu der Hochfürstlich Lippischen Medizinalordnung" beklagt Scherf zunächst, daß es keine Gesetzgebung für die „Gesundheit des Menschen" gebe, wo doch alles getan werde für die „Erhaltung der Tiere des Waldes", wo wiederholt Edikte erlassen würden „zur Lebenssicherheit der Nachtigallen und zur Ausrottung der Kohlraupen". Dabei sei es doch „die erste Forderung" eines Volkes an seine Regenten, „für sein Leben und seine Gesundheit zu sorgen". Liege doch „der Einfluß der Arzneikunst auf die Wohlfahrt des Staates" klar auf der Hand, und so ließen sich auch aus allen Zeiten Zeugnisse finden für eine Gesundheitslehre und Wohlfahrtskunde. Allein –: Sie stehen da „wie die Meilenzeiger, die immer den Weg weisen, ohne daß man auf sie achtet; denn jeder glaubt, ohne sie den Weg zu finden".

Daher führt Scherf noch einmal bewegte Klage über die Vernachlässigung der Gesundheitspflege: „Man führt verbesserte Gesangbücher ein, aber die Volksarzneikunde bleibt die Mißgeburt der Dummheit und des Vorurteils, die sie von jeher war. Es werden Normal- und Industrieschulen angelegt, aber an Ausübung der verbesserten physischen Erziehungskunde denkt niemand. Man lehrt den Kindern die Hauptstädte entfernter Königreiche, aber die Grundpfeiler der Gesundheit werden ihnen nicht bekannt gemacht". Alles würde verbessert, Justiz, Gewerbe, Polizei –, „aber die Diätetik des Staates bleibt, was sie war: das Gegenteil von dem, was sie sein soll".

Als „Hauptgrundsatz der Staatswirtschaft" wird alsdann „eine gesunde verhältnismäßige Bevölkerung" angesehen. „Aber – so fragt Scherf weiter – wo fängt die medizinische Volksaufklärung an? wo hört sie auf? wie wird sie am besten und am gewissesten bewirkt?" Zur Ausführung einer solchen Volksbelehrung werden sogleich wieder die klassischen Muster der älteren Diätetik empfohlen, nämlich: Kultivierung von Luft, Nahrung, Bewegung, Schlaf, Verdauung und Gemütslage. Als oberstes Prinzip wird dabei herausgestellt: „Jede Verbesserung der Menschheit muß bei der Jugend beginnen, bei den Erwachsenen haben die Vorurteile schon zu tief Wurzeln geschlagen".

Scherf fordert daher sehr energisch „die Aufnahme der Volksarzneikunst unter die Schulkenntnisse". Verbesserung der „Volksdiätetik" durch die „Bildung der Jugend", das bedeute zwar einen langsamen, aber dafür auch „einen sichern und leichten Weg", der gewiß zum Ziele führe. Nur auf diesem Wege könnte sich „das heilsame Licht der medizinischen Aufklärung" nach und nach auch ausbreiten über die Welt der Erwachsenen und würde schließlich Allgemeingut werden.

Im Mittelpunkt dieser aufgeklärten Heilkunst aber stand ein Buch, das im Jahre 1798 in Zürich erschienen war, ein Werk von Johann Karl Osterhausen mit dem vielversprechenden Titel: „Über Medizinische Aufklärung" und das – analog zu Kant – beginnt mit: „Medizinische Aufklärung ist der Ausgang eines Menschen aus seiner Unmündigkeit in Sachen, welche sein physisches Wohl betreffen". Unser physisches Wohl aber ist bedingt durch den gebildeten Umgang mit Licht und Luft, mit Essen und Trinken, mit Arbeiten und Feiern, mit Schlafen und Wachen, den kultivierten Umgang nicht zuletzt mit unserem Geschlechtsleben und mit allen Leidenschaften und Freudenschaften. So das Programm einer aufgeklärten Lebensordnung!

Im Zeitalter der Aufklärung bildete sich aber auch die individuelle „Gesundheitserziehung" mehr und mehr um zu einer „Staatsarzneikunde", die dann bald allgemein als „Medizinische Polizei" in Erscheinung trat. Aus „Gesundheit" war die „Volksgesundheit" geworden. Das private Wohlergehen wurde dabei immer enger an die Idee einer „öffentlichen Wohlfahrt" gebunden. Was sich danach aber mit dem 19. Jahrhundert durchsetzen konnte, das waren strategisch weitgespannte Gesundheitsplanungen einer naturwissenschaftlich orientierten Sozialmedizin, die indes in Fortführung der Aufklärungsideologie immer noch in erster Linie das „Wohl der Gesellschaft" zum Ziel hatte.

3. Gesundheit als „Lebensstil" bei Hufeland

Am Ende einer Jahrtausende alten Überlieferung und mitten schon im Abbruch der Tradition steht Christoph Wilhelm Hufeland (1762–1836), einer der bedeutenden Ärzte der Goethe-Zeit, weniger berühmt geworden durch seine höchst originelle „Geschichte der Gesundheit" (1812) als durch seine spektakuläre „Makrobiotik", jene „Verlängerung des Lebens", die aus einem Vortrag (1792) vor der von Goethe ins Leben gerufenen „Freitagsgesellschaft" zu Weimar hervorgegangen war.

Hufeland wurde 1762 zu Langensalza im Thüringischen geboren als Sohn eines Arztes. Seine „Selbstbiographie" beginnt mit einer Erinnerung an diese früheste Lebensphase, die so wichtig für einen Menschen sei, der gesund alt werden wolle. Da lesen wir gleich im ersten Satz: „Die erste und größte Wohltat Gottes war es, mich von so guten und frommen Eltern geboren und erzogen werden zu lassen. Die Sterne, unter denen wir geboren werden, das sind unsere Eltern, die Zeit, der Ort, die herrschende Religion".

Aber auch Hufelands „Geschichte der Gesundheit" sollte nicht in Vergessenheit geraten, zumal hier schon die soziokulturellen Faktoren in den Vordergrund gerückt werden, wie sie jeder historisch-kritischen Analyse zugrundeliegen sollten. Und so könnte und sollte – fordert Hufeland – „das ganze physische Leben der Menschheit als ein Ganzes betrachtet, durch alle Veränderungen der Zeit durchgeführt, seine Schicksale, die Ursachen, die sie bestimmten, die Resultate, die sie hervorbrachten, genug die Art und Weise dargestellt werden, wie es auf den jetzigen Standpunkt kam – was man ganz passend eine Geschichte der Gesundheit nennen könnte".

In seiner jetzigen aufgeklärten Zeit aber müsse eine Geschichte der Gesundheit sich konzentrieren auf die so „unglückliche Vielgeschäftigkeit" unserer „menschenverschlingenden Zeiten". Hier könne und müsse der Mensch einfach mehr der Natur vertrauen, der guten alten Naturkraft, der „vis medicatrix naturae". Alle Kräfte der eigenen Natur seien aufzubieten, um aus Kulturzerfall und Lebensverlust herauszukommen. Damals schon versuchte Hufeland, ein „Archiv für Lebensstilkunde" zu begründen, um seine Lieblingsideen aufzureihen „an einem so schönen alles verbindenden Faden als es der Lebensfaden ist".

Hufeland bringt das Programm seiner Lebensstilkunde auf den schlichten Satz: „Der Halbgeborene muß ganz geboren werden". Aus dem bloßen Naturwesen, einem biologischen Mängelwesen, wird – und dazu verhilft uns die Heilkunde als eine Gesundheitslehre – ein Kulturwesen. Das große Experiment der Natur aber, die Medizin, sei längst nicht zu Ende: „denn es ist ein Experiment, dem höchsten Geheimnisse der Natur, dem Leben, auf die Spur zu kommen und es bei Verirrungen zurechtzuweisen".

Zeit seines Lebens hat Hufeland denn auch – neben seinen Bemühungen um eine wissenschaftliche Krankheitslehre, die „Pathogenie" – um die Lehre von der Gesundheit und ihre mögliche Förderung gerungen. Bereits im Jahre 1794 erschienen zu Leipzig seine „Gemeinnützige Aufsätze zur Beförderung der Gesundheit und des Wohlseyns und vernünftiger medicinischer Aufklärung".

Hufeland wollte mit seinen Gesundheitsregeln keineswegs bewirken, daß nun „jeder sein eigener Arzt" sein solle. Die Arzneiwissenschaft sei eine so komplizierte Disziplin, nur mühsam zu erlernen und kaum je ganz zu beherrschen, so schwierig

also, „daß die Medicin selbst nie Eigentum des größeren Publikums werden kann".
Hier bleibe ein jeder im Grund der Architekt seines eigenen Lebens, der Baumeister
seiner eigenen gesunden Existenz.

Man gewöhne sich daher – nicht nur in der Jugend und Reifezeit, sondern auch
und gerade mit zunehmendem Alter „immer mehr an eine gewisse Ordnung in allen
Lebensverrichtungen". Das Essen und Trinken, Wachen und Schlafen, die Bewegung
wie die Ruhe, die Ausleerungen und Absonderungen, alle unsere tagtäglichen Be-
schäftigungen, sie „müssen ihre bestimmte Zeit und Sukzession haben und behalten". Alles solle mit der uns vorgegebenen Natur im Einklang stehen. „Die bewegte
Lebensart in freier Natur ist unstreitig die glücklichste und gesündeste von allen, am
meisten mit der Ordnung der Natur übereinstimmend. Daher auch in ihr die Beispiele von dem höchsten Alter und der dauerhaftesten Gesundheit vorkommen".

Oberste Regel aber bei allen Gesundheitslehren sei und bleibe: Spielräume lassen, regulieren, nicht reglementieren! Man lasse daher bei allen Regeln und Ratschlägen eine „gewisse Freiheit und Zwanglosigkeit in der Lebensart, das heißt, man
binde sich nicht zu ängstlich an gewisse Gewohnheiten und Gesetze, sondern lasse
einen mäßigen Spielraum". Selbst eine kleine „Unordnung" könne oftmals auch eine
Chance für Gesundsein und Gesundbleiben bedeuten und sei in der Lage, „der Gesundheit mehr Weite zu geben".

Nun ist die Kunst, das Leben in Gesundheit zu verlängern, wohl so alt wie der
Mensch. Schon immer haben kluge Köpfe danach getrachtet, „den Lebensfaden lang
zu ziehen". Ständig aber seien wir dabei „von Freunden und Feinden des Lebens umgeben. Wer es mit den Freunden des Lebens hält, wird alt; wer hingegen die Feinde
vorzieht, verkürzt sein Leben". Wir haben es ständig mit Risikofaktoren zu tun, die
unsere Gesundheit bedrohen; wir haben aber auch die Chance, uns an die Schutz-
faktoren zu halten, die positiven Kräfte, die Reparationsfaktoren, die unser Leben
erhalten und verlängern.

Ein völlig neuer – innerlich wie äußerlich bewegter – Lebensabschnitt sollte für
Hufeland beginnen, als er im Jahre 1800 als Direktor des Medizinalkollegiums und
ärztlicher Mitdirektor der Charité nach Berlin berufen wurde. „Ich betrat" – so berichtet er – „einen für mich ganz neuen Schauplatz, eine große Welt, in der ich wirken sollte". Gänzlich neue Aufgaben warteten denn auch in dieser „großen Welt" auf
ihn: „ein königlicher Hof, dem ich als Leibarzt dienen sollte, eine medizinische Fakultät, der ich als Direktor vorstehen sollte, ein großes Krankenhaus, in welchem ich
der erste Arzt sein sollte, überdies noch die Akademie der Wissenschaften, die meine Tätigkeit in Anspruch nahm". In den Jahren 1807 bis 1809 begleitete er zudem als
Leibarzt die königliche Familie nach Königsberg, Memel und Tilsit.

Während dieser Jahre erwarb Hufeland sich große Verdienste um die Organisation des öffentlichen Gesundheitswesens wie auch um die Begründung der Univer-
sität Berlin. Er wurde Staatsrat im Ministerium der Medizinalangelegenheiten und
damit der wichtigste Mann im Preußischen Sanitätswesen.

Wir verstehen angesichts dieser Lebensumstände aber auch etwas besser, daß es
sich bei Hufelands „Makrobiotik" nicht um bloße Regeln und banale Rezepte handeln sollte, sondern um eine Prinzipienlehre des rechten allgemeinen Lebens und
damit auch der öffentlichen Wohlfahrt. Die Natur des Menschen ist danach nicht zu
verstehen ohne die große Natur in der Welt da draußen. Auch der Mensch besitzt

diese „Natur" als eine ganz besondere Mitgift. Aber sie ist noch nicht das Ganze; wir müssen etwas dazu tun, etwas aus ihr machen. Die Natur gibt uns für diese Lebenskunst nur die Zeichen, Wegmarken, Warnungstafeln, Hinweise, Wegleitungen, Weisungen zum Weitergehen.

Somit verfügt der Mensch von Natur aus über eine eigene, kreative Kraft, diese seine Lebensweise nun auch selbst zu gestalten. Er fühlt sich auf die Bahn gebracht, die er nun selber zu laufen hat. Er ist nicht nur „homo sapiens", sondern auch „homo faber", mehr noch: „homo creator", ein schöpferischer Mensch von Grund auf. Für diese kreative Kunst aber gibt es ganz bestimmte, übergeordnete Führungssysteme, die dem Lebensstil Halt und Maß und Richtung verleihen. Zu diesen Ordnungskriterien gehören die Muster der gesunden Lebensführung, die „res non naturales" der Alten, die als eine künstliche „zweite Natur" dem Leben einen Sinn vermitteln und als autonome Kraft eine gesunde Existenz ermöglichen.

Sehen wir es doch täglich – schreibt Hufeland – „daß auf dem Lande, selbst ohne alle Hilfe und bei der unsinnigsten Behandlung Menschen gesund werden. Und selbst bei der künstlichen Behandlung bin ich längst zu der Überzeugung gekommen, daß von allen geheilten Kranken der größte Teil zwar unter Beistand des Arztes, aber nur der bei weitem kleinste Teil durch seinen Beistand allein geneset".

Wie ein roter Leitfaden zieht sich durch Hufelands Werk die Idee, daß man von einem physischen Leben nicht sprechen könne, ohne zugleich auch seine sittliche Bedeutung zu betonen. Mit seinen eigenen Worten: „Wer kann vom menschlichen Leben schreiben, ohne mit der moralischen Welt in Verbindung gesetzt zu werden, der es so eigentümlich angehört? Im Gegenteil habe ich bei dieser Arbeit es mehr als je empfunden, daß sich der Mensch und sein höherer moralischer Zweck auch physisch schlechterdings nicht trennen lassen".

Ohne moralische Kultur – so Hufeland – müsse der Mensch unaufhörlich in Widerspruch mit seiner eigenen Natur geraten. Über seine moralische Kultur aber werde er auch in seiner leiblichen Verfassung in den Stand gesetzt, sich zu einem „vollkommenen Menschen" zu bilden. Physische und moralische Gesundheit seien eben genau so verwandt und untrennbar wie Leib und Seele. Beide fließen aus gleichen Quellen. Daher immer wieder: „Nur durch Kultur wird der Mensch vollkommen".

„Glücklich würde ich mich schätzen" – hatte der junge Hufeland im Jahre 1797 an Kant geschrieben –, „wenn Ihnen mein Bestreben, das Physische im Menschen moralisch zu behandeln, den ganzen, auch physischen Menschen als ein auf Moralität berechnetes Wesen darzustellen und die moralische Kultur als unentbehrlich zur physischen Vollendung der überall nur von der Anlage vorhandenen Menschennatur zu zeigen – nicht mißfallen sollte".

In diesem Punkte waren sie sich – Kant wie Hufeland – wohl einig: Gesundheit als die „völlige Harmonie in allen Teilen" des menschlichen Organismus!

4. Die „schöne Gesundheit" bei Feuchtersleben

„Kalobiotik" nannte der Freiherr von Feuchtersleben die Kunst, schön zu leben, schön und damit auch recht und gesund. Ernst von Feuchtersleben wurde 1806 in Wien geboren, machte sich in jungen Jahren schon einen Namen als Arzt und Dichter, als Philosoph wie auch Gesundheitspolitiker und starb 1849 in Baden bei Wien.

Vom Jahre 1837 ab veröffentlichte der damals Dreißigjährige in der Wiener „Ge-
sundheitszeitung" jene „Beiträge zur Diätetik der Seele", die 1838 zu einem kleinen
Bändchen gebunden wurden, das inzwischen weit über 50 Auflagen erleben durfte.
Feuchtersleben selbst wollte das Ganze nur als ein „Fachwerk" betrachtet wissen, „in
welches erst künftige Arbeiten einen reicheren Inhalt legen werden". Und ganz zum
Schluß seiner „Seelenkunde" wiederholt er: „Ich habe nur das Fachwerk aufgestellt.
Studium, Erfahrung und die fortbildende Zeit müssen es ausfüllen. Ich konnte nur
den Weg zeigen. Gehen müssen Sie ihn selbst!"

Unter Berufung auf Hufelands „Kunst das menschliche Leben zu verlängern" und
ganz in Übereinstimmung mit dessen „Makrobiotik" stellte sich Feuchtersleben
noch einmal die große Frage, die zu einem Programm der Medizinischen Aufklärung werden sollte, die Frage nämlich: „Ist echte Diät nicht auch ein Kunstwerk
des Lebens? Wir sollten wenigstens den Versuch wagen, sie dazu zu erheben. Kalobiotik wird dann vielleicht, wie bei den heiteren und gesunden Griechen, zur Makrobiotik werden".

Von der „Macht des menschlichen Geistes über den Leib" hat Feuchtersleben in
seiner „Kalobiotik" gesprochen und gefragt, wenn es der Mensch schon dahin gebracht habe, „daß ihm das Leben selbst zur Kunst wird, warum soll es ihm die Gesundheit nicht werden können, die das Leben des Lebens ist?".

Unter den leitenden Linien einer „Kunst schön zu leben" begleitet Feuchtersleben
nun die alten diätetischen Regelkreise der „sex res non naturales", wobei er sich
überzeugt zeigt: „Was wir leiblich tun, um zu leben, aneignen und absondern, einatmen und ausatmen – müssen wir auch geistig wiederholen. Eine Systole und Diastole muß das innere Leben sein, wenn es gesund bleiben will". Aber auch hier lebt
der Mensch nicht vom Brot allein; denn „der Leib wird von Früchten, deren Samen
der Geist gesät hat, vergiftet werden – oder auch bewahrt und geheilt".

Alles in der Natur ist ja – so hören wir weiter – nach einer inneren Rhythmik geordnet, gleichmäßig und ohne Geräusch, lediglich „durch Wachstum, Bewegung,
Verminderung, Umwandlung, Schlaf, Wachen; alles zum Ganzen lenkend, jenes und
dieses, und nimmer rastend". Alle Lebensmuster geht Feuchtersleben nunmehr sehr
systematisch durch: vom Atmen bis hin zu den Affekten – und immer auf eine Lebenskultur des Alltags hinzu.

Der erste Punkt dieser Lebenskultur betrifft den Umgang mit der Welt da
draußen, den „Umgang mit der Natur", wie Feuchtersleben das nennt. Mit dem vitalen Lebensstrom unserer Umwelt sind wir tief hineingetaucht in die kosmischen
Sphären, ein Mesokosmos nur im Taumeltanz galaktischer Systeme. Man kann daher in diesem so eng begrenzten Sensorium kaum genug all der Schwingungen gedenken, „denen das leibliche Dasein durch unseren Zusammenhang mit dem Weltganzen" ausgesetzt und hingegeben ist. „Dämmerung ist Menschenlos; nur, durch
sie zum Lichte sich durchzuarbeiten, nicht sie in Licht umzuwandeln, kann Men-
schenbestimmung sein". Totale Aufklärung wäre demnach purer Unsinn. Dieses be-
scheidene Wissen – aber auch die Idee – müsse der Naturforschung stetig zur Hand
sein, „damit wir im Ozean des Alls uns nicht verlieren".

Die Welt der Natur und deren Gesetzlichkeit in Raum und Zeit offenbart sich
aber nur durch den Leib. Unser Leben im Leibe, das allein ist leibhaftig schon Weltanschauung. Mit dieser Welt aber sind wir tief hineingetaucht in den vitalen Lebensstrom. Und so umgibt den Menschen allenthalben „die Atmosphäre des Wah-

ren, aus welcher er einhaucht und wieder ausatmet" – rein ausgetauschter Welt-
innenraum, in dem ich mich rhythmisch ereigne.

Der zweite Punkt ist wesentlich konkreter, reißt uns aus dem gestirnten Himmel
über uns ins Erdental, wo die banalen Lebensmittel es sind, die das Dasein erhalten,
wobei sie sich wiederum der Elemente da draußen bedienen. Was wir im Atmen
rhythmisch erleben, erfahren wir wiederum im Kreislauf des Stoffwechsels – und
auch hier wieder ganz elementar! „Was wir leiblich tun, um zu leben, aneignen, absondern, einatmen und ausatmen –, müssen wir geistig wiederholen. Eine Systole
und Diastole muß das innere Leben sein, wenn es gesund bleiben will". Und so wird
auch der Magen aufgefaßt als die gewaltige Stoffwechselzentrale, die zeitlebens an-
eignet, ausscheidet, zuordnet, erfüllt. Der Mensch lebt freilich nicht vom Brot allein.
Denn „der Leib wird von Früchten, deren Samen der Geist gesät hat, vergiftet werden – oder auch bewahrt und geheilt". Nutzen und Noxen stehen ganz eng beisam-
men, die „juvamenta" und die „nocumenta", beide zugleich.

In Mitte und Maß beherrscht auch der dritte Lebenskreis unser Dasein, in einem
höchst lebendigen Wechselspiel von Bewegung und Ruhe. Zwar bedingt Tätigsein
unser Leben, ja, „das Leben ist nichts anderes als Tätigkeit". Zu große Aktivität aber
kann „der Harmonie des Lebens tödlich werden und ist zu beschränken". Leben
vollzieht sich eben im rhythmischen Spiel von Einatmen und Ausatmen, von Schlafen und Wachen, von Ruhe und Bewegung. „Wie unser Gehen ein beständiges Fallen
ist, von der Rechten zur Linken und wieder zurück, so besteht der harmonische
Fortschritt unseres Daseins im schönen Gleichgewichte wechselnder Gegensätze".

Bis in die vegetative Sphäre hinein ist alles von der großen Natur rhythmisch geordnet, ohne Geräusch, lediglich geleitet „durch Wachstum, Bewegung, Verminderung, Umwandlung, Schlaf, Wachen; alles zum Ganzen lenkend, jenes und dieses,
und nimmer rastend". In allem gilt es nur das Maß zu bewahren: „Ohne Rast, aber
ohne Hast".

Und wie uns ein Atemzug in den anderen trägt, überträgt, so bringt auch der so
vitale Rhythmus von Wachen und Schlafen das Leben stetig zur Reife. Der Dichterarzt empfiehlt, ganz besonders „jener Schwingungen zu gedenken, denen das leibliche Dasein durch den Wechsel der Tage und Stunden hingegeben ist". Der wache
Mensch nehme daher „wohl in acht, was der Morgen, der Mittag, der Abend für
Stimmungen erzeugen, für Stimmungen erfordern". In jeder Stimmung trügen wir
in uns eine spezifische Mitgift des Kosmos, seien wir eingebunden in die Rhythmik
des Alls. Und „wie am Himmel, wenn die Sonne untergegangen ist, auf dem dunklen
Grunde die zahllosen, am Tage nicht sichtbaren Sterne" erscheinen, so schauen wir
träumend im Schlaf „gleichsam die Vorstellungsbilder in unserem Inneren an, wie
sie das Gedächtnis organisch aufbewahrt".

Hier ist es wieder die Phantasie, diese „Lunge der Seele", die als die allwaltende
Mittlerin unseres geistigen Organismus auftritt, und dies im Wachen wie im Schlafen. „Daher der belebende Zauber der Träume, dieser lieblichen Kinder der Phantasie". Wie aber die Natur das Weizenkorn in die Erde begräbt, daß es keime, so er-
neuert sich auch des Menschen Leib im nächtlichen Schlaf „und aus der Tiefe seines
Geistes schafft sie ein geistiges Leben".

„Haushaltpolitik im Stoffwechsel" – so könnten wir mit Feuchtersleben den
nächsten Regelkreis gesunder Lebensführung überschreiben, zumal sich auch seine
„Kalobiotik" nicht scheut, in die scheinbar so banalen Sphären des Unterleibs be-

herzt einzugreifen. „Man hat den ärztlichen Studien öfters den Vorwurf gemacht, daß sie die Neigung zum Materialismus, das heißt zu einer die Rechte des Geistes verleugnenden Ansicht der Dinge begünstigen". Aber ein solcher Vorwurf sei ungerecht, denn „niemand hat mehr Anlaß als eben der Arzt, die Gewalt des Geistes über die Hinfälligkeit des Stoffes zu erkennen; und wenn er zu dieser Erkenntnis nicht gelangt, ist nicht die Wissenschaft schuld, sondern er selbst"; denn er hat sie dann eben nicht gründlich genug studiert.

Was aber ein geregelter Stoffwechsel auch und gerade für das geistige Leben zu bedeuten habe, das hatte der Freiherr von Feuchtersleben vom Philosophen Kant gelernt. Hier betraten beide die oft so labile Brücke von der Körperwelt in die Welt des Geistes et vice versa. Wer auch wüßte schon, wie oft es nur der „Effekt der geförderten peristaltischen Darmbewegung" gewesen sein mag, der uns über „die dadurch erhöhte Gesundheit" schließlich auch so zarte Empfindungen oder geistreiche Gedanken geschenkt habe!

Der letzte Punkt der „Kalobiotik" handelt von den „affectus animi", den Leidenschaften und auch Freudenschaften. Die Affektenlehre aber sei kein Gegenstand der Psychiatrie oder auch der Psychologie. Gelte es doch gerade hier zu betonen, daß Körper und Geist, „sobald sie sich zu Leib und Seele vereinigt haben", nur als Einheit erfaßt werden könnten.

Die leibhaftige Ausstrahlung der Emotionen und Affekte kann daher kaum überschätzt werden. „Von der Musik meinte ein scharfer Beobachter, der es sich zur Aufgabe gemacht hatte, zu jeder Blüte den Stamm und die Wurzeln zu suchen –, es laufe zuletzt bei ihr doch alles auf Gesundheit hinaus; denn wenn ein lebendiges Wesen sich selbst mit allen seinen Kräften und Trieben recht innig fühle, so befinde es sich wohl. Durch Gesang und Musik aber entstehe eine harmonische Belebung aller Organe; die zitternde Bewegung teile sich dem ganzen Nervensystem mit; der ganze Mensch sänge und töne gleichsam mit, seinem angeborenen Triebe gemäß sein Dasein auszuposaunen".

Mit Friedrich Schiller bekennt Ernst von Feuchtersleben, „daß die Tugend auch zur Gesundheit die angemessenste Verfassung sei, weil sie die nachhaltigste von allen Freuden erregt". Und wieder das Exempel: „Wer kennt nicht das klare, glänzende Auge, den größern schnellern Puls, das freiere Atmen, das blühende Gesicht, die glatte Stirn des Freudigen? Wer nicht das Zittern, Stammeln, die Kälte, den Hautkrampf, das sich sträubende Haar, das Herzklopfen, die Angst, das beengte Atmen, die Blässe, den gesunkenen Puls, die Übelkeiten des Furchtsamen?"

„Daß einem das Herz im Leibe lacht" –, das hat Feuchtersleben für einen der treffendsten Ausdrücke der deutschen Sprache gehalten. „Anhaltende Heiterkeit unterhält den plastischen Lebensstoff". Heiterkeit könne einfach „kein Übermaß haben, sondern ist immer vom Guten", dagegen die Traurigkeit „immer vom Übel" sei. Und wie Einbildung krank machen kann, warum nicht auch gesund? „Erkläre dich für gesund – und du magst es werden! Die ganze Natur ist ja nur Echo des Geistes".

Von allen Affekten aber sei es die Hoffnung, die uns am meisten belebt und erfrischt, als ein so „zarter Teil unseres Selbst", als „ein holdes Ich, das sich nie vernichten lassen will". Es sei die Hoffnung, welche als „himmlische Vorempfindung" dem Lebenswerk unserer eigenen Verwirklichung vorschwebe und vorarbeite.

Es genüge aber auch bei allen Lebensregeln keineswegs, auf diese Muster pedantisch zu achten, Speisen und Getränke, Bewegung und Ruhe gehörig abzumessen oder auch Hufelands „Makrobiotik" auswendig zu lernen. Lernen müsse man vielmehr, mit Hilfe dieser Lebensmuster sich selbst auszubilden, sittlich und intellektuell – und dann werde man auch „erfahren, was das heiße: Gesundheit, Integrität des Menschen". Man erlange bei diesen Erfahrungen eine „Klarheit des Geistes", die uns zum „Schutz- und Heilmittel unseres Daseins" werden könne.

Immer aber steht bei Feuchtersleben „Gesundheit" im Dienst höherer Werte. Ist Gesundheit doch letztlich nur zu vergleichen mit Werten wie „Schönheit, Sittlichkeit, Wahrheit". Immer wieder wiederholt sich der Dreiklang: Schönheit ist nur „die Erscheinung der Gesundheit", und so auch die Tugend. „Wenn also Tugend verschönt, Laster verhäßlicht – wer möchte leugnen, daß Tugend gesund erhalte, Laster krank mache?". Daher als Motto: „Halte dich ans Schöne! Vom Schönen lebt das Gute im Menschen, und auch seine Gesundheit"!

Was unser Dichterarzt mit seiner so eigenwilligen Anthropologie gesucht hat, das war „die Macht der Philosophie", einer Philosophie aber, „bei der nicht die Köpfe glühen und die Herzen frieren", einer Philosophie vielmehr, „die nicht gelernt, sondern gelebt sein will". Erste Aufgabe einer solchen Philosophie solle es sein, „das Verhältnis des Menschen zur äußeren Welt zu erforschen und zu regeln". In diesem Verhältnis nämlich beruhe „die Möglichkeit zu erkranken und die Möglichkeit, gesund zu werden".

Jenseits aller Risikofaktoren liegen ja auch – heute wie damals – die Restitutionsfaktoren oder – wie es hier heißt – die „Schutz- und Heilmittel unseres Daseins". Seinen Gesundheitsbegriff konnte Feuchtersleben denn auch auf die griffige Formel bringen: „Gesundheit, Integrität des Menschen", gedeutet also als „Gesundheit des Individuum".

5. „Gesundheitsführung" bei Franz Anton Mai

In dem Dilemma zwischen staatlicher Gesundheitsplanung und individueller Gesundheitsführung hat der Heidelberger Kliniker Franz Anton Mai einen mittleren, pragmatisch fundierten Weg eingeschlagen, den er als „Gesundheitsführung" bezeichnet hat. Seinem „heillos aufgeklärten Jahrhundert" verbunden und verpflichtet, ist er als ein Pionier des öffentlichen Gesundheitswesens gleichwohl ein Aufklärer eigener Art geblieben.

Franz Anton Mai wurde 1742 in Heidelberg geboren. 1766 wurde der 24jährige Magister der Philosophie zum Doktor der Medizin promoviert. 1785 kam er als Professor der Hebammenkunst nach Heidelberg, wo er 1814 starb.

Seiner Heidelberger Fakultät wie auch dem Mannheimer „Collegium Medicum" hatte Mai im Jahre 1800 den „Entwurf einer Gesetzgebung über die wichtigsten Gegenstände der medicinischen Polizei" vorgelegt. In diesem seinem „Beitrag zu einem neuen Landesrecht in der Pfalz" ging es Mai um „vernünftige Polizeigesetze", im einzelnen: „wie man gesunde Menschenrassen erhalten, die physische Erziehung veredeln, der täglich mehr zur Kraftlosigkeit neigenden Menschheit abhelfen, die Gefahren der bürgerlichen Gesellschaft abwenden, das Wohl der menschlichen Gesellschaft fördern solle" – wahrhaftig ein Jahrhundert-Programm!

Im einzelnen ging es in diesem „Entwurf vernünftiger medizinischer Polizeigesetze" um:

1. gesunde Wohnplätze und Reinlichkeit der Luft,
2. um gesunde Nahrung und Volkstränke,
3. um gesunde Kleidertracht,
4. um die Volkslustbarkeit in medizinischer Sicht,
5. um die Gesundheit verschiedener Handwerker,
6. um die gesunde Fortpflanzung des Menschengeschlechts,
7. Ratschläge für Schwangere, Gebärende und Wöchnerinnen,
8. Regeln für neugeborene Kinder und ihre Erziehung,
9. um die Verhütung von Unglücksfällen,
10. Rettung verunglückter Menschen und Scheintoter,
11. Maßnahmen für Sterbende und Tote,
12. Abwendung schädlicher Krankheiten,
13. Aufbau einer öffentlichen Krankenpflege,
14. Vorkehrungen gegen Viehkrankheiten,
15. Aufbau eines öffentlichen Medizinalwesens,
16. Verbreitung nützlicher medizinischer Begriffe unter dem Volke.

Als „Erstes Gesetz" werden dabei die „Pflichten eines Polizeiarztes" wie folgt formuliert: „Da es eine der ersten unsrer landesväterlichen Angelegenheiten ist, das öffentliche Gesundheitswohl unserer getreuen Untertanen auf alle mögliche Art zu befördern, ist es unser unabänderlicher ernster Wille, daß in unseren Städten ein bejahrter, erfahrener und rechtschaffener Arzt ...dem Polizeiamte beisitzen und das allgemeine Gesundheitswohl unserer geliebten Untertanen gemeinschaftlich mit dem Polizeivorsteher besorgen helfe".

Während jedoch zeitgenössische Gesundheitspolitiker wie Johann Peter Frank ihre aufklärerischen Programme – unter dem Motto „Servandis et augendis civibus" – ausschließlich einer Staatsplanung unterstellen wollten, suchte Franz Anton Mai nach vermittelnden Möglichkeiten zwischen dem Verordnungswege und jener Regelung der Lebensordnung jedes einzelnen, die er als „Gesundheitsführung" deklarieren konnte.

In diesem sozialhygienischen Gesetzesentwurf spiegeln sich denn auch die klassischen Regelkreise der älteren Hygiene und Diätetik wider, insofern es hier geht um: „gesunde Wohnplätze und Reinlichkeit der Luft", um „gesunde Nahrung und Volksgetränke", um die Gesundheit der Arbeiter in den verschiedenen Handwerken, um „gesunde Fortpflanzung des Menschengeschlechts", und mit allem verbunden die „öffentliche Krankenpflege" und ein umfassendes „Medizinalwesen".

Was das „Medizinalwesen" – die öffentliche Gesundheitspflege – angeht, lag Mai ganz auf der Linie seines Zeitgenossen und Landsmannes Johann Peter Frank (1745–1821), der erstmals den Zugang in die Öffentlichkeit schaffte und damit in alle Bereiche der „Medizinischen Polizei". In seinem großangelegten „System einer vollständigen medicinischen Polizey", in sechs Bänden (1779 bis 1817) vorgelegt, ging es Frank darum, möglichst alles Wissen zu sammeln, wie man Gesundheit bewahren und fördern könne. Wenn es um die Organisation einer öffentlichen Ordnung und Wohlfahrtspflege gehen sollte, spielten physische Ursachen eine gleiche Rolle wie die sozialen Faktoren. Franks Werk war ganz und gar auf das „Gesundheitswohl der in Gesellschaft lebenden Menschen" gerichtet, um es „nach gewissen Grundsätzen" zu leiten. Denn „die Natur bildet selbst jeden physischen Menschen zu dem, was er mit der Zeit sein soll, wenn er sie ungehindert arbeiten läßt". Nur so könne eine „Gesundheitsordnung" dem Menschen zur zweiten Natur werden.

Wenngleich die Gesundheitsmaßnahmen des öffentlichen Lebens im Vordergrund standen, so war Johann Peter Frank doch auch der Meinung, daß der Staat sich nicht zu sehr in die privaten Bereiche einmischen dürfe. „Ich habe es schon gesagt (schreibt er 1783), eine kluge Polizey mischt sich nicht in das Innere der Haushaltungen, und wenn diese Regalie der Völker endlich zum Spionen mißbrauchet wird, so artet sie aus zur Tyrannin menschlicher Gesellschaften und zur Störerin der öffentlichen Ruhe, die sie beschützen sollte".

Im gleichen Sinne hatte Franz Anton Mai in der Vorrede zu seinem Gesetzesentwurf schreiben können: „Lassen Sie uns, schätzbare Gesetzgeber und Väter des Vaterlandes, Hand an das menschenfreundliche Werk, an den Entwurf vernünftiger medizinischer Polizeigesetze legen! Lassen Sie uns die Hindernisse aus dem Wege räumen, welche dem Gedanken der allgemeinen bürgerlichen Gesundheit nachteilig sind!" Das damals allenthalben aufkommende Konzept der „Medizinischen Polizei" hat Mai somit grundsätzlich aufgenommen und in erstaunlichem Maße konkretisiert. Gleichwohl war er zu der Überzeugung gelangt, daß Gesundheit nicht auf dem Verordnungsweg allein zu erreichen sei, daß vielmehr vornehmlich in der vernünftigen Regelung der Lebensweise jedes Einzelnen ein Gesundheitswesen zu gestalten sei, in dem also, was Franz Anton Mai die individuelle „Gesundheitsführung" genannt hat.

Der große seine Zeit überdauernde Wirkungsbereich Franz Anton Mais galt denn auch nicht von ungefähr der klassischen Hygiene und Diätetik, einer Theorie der Lebensordnung für die Praxis der Lebensführung, wie sie in so beredter Weise zur Sprache kam in seinen berühmten „Medizinischen Fastenpredigten". Im Jahre 1793 hatte Mai vor dem Mannheimer Hof seine damals vielbeachteten „Medicinische Fastenpredigten" gehalten, Predigten also eines Arztes nach der Manier der Zucht- und Bußprediger zu gesunder Lebensführung, gehalten an den – wie es hieß – „von Faschings-Belustigungen freien Samstagen" der Fastenzeit –, heute noch als Gemälde anzuschauen im Mannheimer Reiß-Museum und – in kleinerem Format – im Kurpfälzischen Museum in Heidelberg.

1795 erschienen diese Predigten unter dem barocken Titel: „Medicinische Fastenpredigten oder Vorlesungen über Körper- und Seelen-Diaetetik, zur Verbesserung der Gesundheit und Sitten, gehalten von Franz Anton May, Leibarzt der durchlauchtigsten Frau Churfürstin von Pfalz-Baiern und öffentlicher Lehrer der Heilkunde auf der Hohen Schule zu Heidelberg".

Mai bringt sein Programm so knapp wie lapidar auf das Schema der „sex res non naturales", mit seinen Worten: „Gesunde Luft, Mäßigung in Speis und Trank, in Ruhe und Bewegung, im Schlafen und Wachen, Bezähmung ausschweifender Leidenschaften" – das seien „die Hülfsmittel eines zufriedenen, gesunden und langen Lebens". Es ging dabei – wie man das damals nannte – um „die Ökonomie mit den Dingen", um eine „Haushaltung des Leibes", die „Wirtschaft" des Organismus, um die „Hofhaltung" mit der Gesundheit.

Der erste Punkt der Lebensordnung zeigt uns den so gebrechlichen Menschen in seiner labilen Umwelt: im elementaren Wechselspiel von Licht und Luft, von Wasser und Wärme. Wie elend doch würden wir „Lichttiere und Luftpflänzchen" leben unter dem ständigen Wechsel der Witterung wie auch der Gemütsbewegungen! Glei-

chermaßen wichtig für Wohlstand und Wohlbehagen war ihm der Einfluß der Nahrung auf Gesundheit wie Sittlichkeit. Allein mit der Regulierung von Speise und
Trank glaubte der Hofprediger eine ganze Nation umstimmen zu können: „Die hit-
zigen Köpfe unserer modernen Philosophen, unserer Zeitriesen, wollte ich in der
Zeit von vier Wochen in sanfte Lämmer umschaffen, wenn ihnen täglich mehr nicht
als zwei Pfund Weißkleie oder Kartoffeln zur Nahrung, eine Maß Wasser zum Trank,
zwanzig Prügel zum Dessert und der Pater Abraham à Santa Clara zur Lesebiblio-
thek gegeben würde".

Maß und Rhythmus seien weiterhin zu suchen bei allen körperlichen und seelischen Leistungen, in der Arbeit wie beim Feiern. Nur im ausgemessenen Rhythmus
könne sich ein gesundes Leben erhalten. Ein einziger Blick schon auf unseren Körper mit dem Spiel seiner Muskeln und Gelenke müsse uns überzeugen, daß wir nicht
zum Stillsitzen geschaffen seien. Die wundervolle Ordnung menschlicher Bewegung,
wir würden sie vor allem bei Spiel und Tanz erleben, wo alle Teile des Organismus
gleichmäßig in Anspruch genommen seien und einander bewegte Antwort geben.

Zum Rhythmus des Alltags gehört dann auch der Schlaf, der uns wieder ein-
schwingen läßt in das kosmische Gleichgewicht von Tag und Nacht, der aus all der
bewußten Gespanntheit löst und uns eintaucht in die Untergründe der Welt. Wen er
aber einhüllt, der Schlaf, zu dem spricht auch leise der Traum, erinnert, deutet an,
will etwas bedeuten. Und dann folgt ein wahres Loblied auf den Schlaf, diesen einzigen Balsam des Unglücklichen, dieses Kraftmittel des ermüdeten Erdenwallers,
dieses vollkommenste Bild des Todes auch, dieses unschätzbare Geschenk des All-
gütigen!

Was im Feuer des Lebensprozesses nicht einverleibt wurde, das will nun auch
ausgeschieden und ausgetrieben werden. Schweiß und Harn und Kot sind es, die Tag
für Tag jenes Mühlwerk natürlicher Ausscheidung betreiben, das die Natur als unermüdliche „Scheidekünstlerin", als kluge „Staatswirtin", als wachsame „Polizeiver-
walterin" in uns und an uns wirkt.

Im zweiten Band seiner „Fastenpredigten", welcher gewidmet ist „den deutschen
Hagestolzen, Ehestandskandidaten, Ehemännern und Hausmüttern", wettert der
Hofprediger Mai alsdann gegen eine „schlagflüssige Polizei", die halbe Armeen gegen ansteckende Krankheiten zum Einsatz bringt, aber gegen die „Sittenvergifter"
keine Quarantäne kennt, wettert gegen sein so erbärmlich aufgeklärtes Jahrhundert,
wo Schwelgerei und Unzucht die Sitten verderben, die Jungfernschaften plündern,
die Ehen verpfuschen und oft genug noch Enkel und Urenkel mit dem Venusgifte
heimsuchen.

Die Regularien rein physischer Liebeskunst scheinen ihm dabei ebenso wichtig
wie die Notwendigkeit ehelicher Freundschaft und auch der Nachkommenschaft.
Warum auch – so wettert er weiter –, warum macht immer nur das Lumpengesindel
so viele Kinder? Warum freut man sich mehr über das Kalben der Kuh als über die
Entbindung der Gattin? Warum kümmert man sich um guten Kleesamen, aber nicht
um den Menschensamen?

Sogar für die Heidelberger Schulkinder – Mädchen und Knaben getrennt – hielt
Mai Vorlesungen „über die Mittel, gesund, stark, schön und alt zu werden". Ein anderes Kolleg kündigte er an mit dem Titel: „Über die Kunst, in früher Jugend die Anlagen zu einem gesunden hohen Alter zu gründen". Oder noch allgemeiner: „Die
Kunst, die blühende Gesundheit zu erhalten".

Es war in allen Punkten jenes Programm der alten klassischen Lebensordnungslehre, das zum Ideal der Aufklärung werden konnte, das Mai „Gesundheitsführung"
genannt hatte, um nun aber auch die Regelkreise der „salus privata" zu transponie-
ren auf eine „salus publica", auf die Staatsdiätetik.

Franz Anton Mai kann sicherlich zu den Neuerern gezählt werden, weil er die
neuen Ideen – wenn auch ganz noch auf dem Boden und mit den Mitteln der Tradition – möglichst freizügig gestalten wollte. Seiner Ansicht nach könne ein Zustand
von Glückseligkeit und Gesundheit nur dann erreicht werden, wenn die Prinzipien
der gesunden Lebensführung zum Allgemeingut erhoben wären, um dann auch ein
geordnetes Gesundheitswesen zur Darstellung zu bringen.

Bei aller Einsicht in die Notwendigkeit einer staatlich verordneten „Gesundheitsführung" blieb gleichwohl die Regelung einer individuellen Lebensordnung sein eigentliches Ziel. Wenn nur der Mensch die Gesundheit seines Herzens und seines Leibes bewahren werde, dann – so schließt er – sei auch „der Staat von selber gesund".

Kapitel 4

Gesundheitskonzepte im 19. Jahrhundert

Vorbemerkung

Auf der Ostermesse des Jahres 1797 zu Leipzig erschien im Zuge der Aufklärung ein dickleibiger Wälzer mit dem lapidaren Titel: „Der Arzt für alle Menschen" und dem etwas bescheideneren Untertitel: „Ein Hülfsbuch für die Freunde der Gesundheit und des langen Lebens". Das Buch beginnt mit einer auch heute noch bemerkenswerten Erzählung, die lautet: „Heilmann, ein berühmter Arzt in Felicien, hatte es in seiner Kunst so weit gebracht, daß alle Hülfsbedürftige aus den entlegensten Gegenden zu ihm eilten und meist alle ihre verlorene Gesundheit wieder bekamen". Was ihn aber in erster Linie zu einem „Retter vieler Elenden" machte, das war die Tatsache, daß er – wie es weiter heißt – „nur einige wenige, sehr auserlesene Heilmittel zu geben pflegte, die der Natur angemessen waren".

Unser Doktor Heilmann hatte nämlich zu seiner großen Verwunderung gemerkt, daß durch die Heilmittel „die Krankheiten nicht vermindert wurden; vielmehr wollte er sich fast überzeugen, daß es seitdem mehrere Krankheiten gebe als zuvor". Heilmann entschloß sich daher zu einem Rat, der in dem Satz gipfelt: „Es ist besser, die Gesundheit wohlfeil zu erhalten, wenn man sie schon hat, als sie teuer wieder zu erkaufen, wenn sie einmal verloren ist".

Verfasser dieses anonym erschienenen Buches war ein Doktor Bährens, Doktor der Medizin und zugleich Pfarrer zu Schwerte an der Ruhr, der seinem Werk den tröstlichen Untertitel gab: „Ein Hilfsbuch für die Freunde der Gesundheit".

Während die ältere Heilkunde – bis weit in die Neuzeit hinein – ihre Gesundheitslehre auf die Konkordanz von „res naturales" und „res non naturales" auszurichten verstand, haben wir seit der Mitte des 19. Jahrhunderts einen immer radikaler werdenden „Abbruch der Tradition" zu verzeichnen. Die sich als angewandte Naturwissenschaft verstehende Medizin mußte aus methodischen Gründen die weiten Felder einer positiven Heilkultur eliminieren, um sich mehr und mehr auf mechanistische Modelle einer Heiltechnik zu konzentrieren.

Gesundheit wurde zur öffentlichen Gemeinschaftsaufgabe, der gegenüber die private Lebensführung als aufwendiger Luxus erschien. Und so ging denn auch im Verlauf des 19. Jahrhunderts der private Gesundheitskatechismus wie auch die aufgeklärte Staatsdiätetik mehr und mehr in eine naturwissenschaftlich orientierte und sich notwendig spezialisierende Hygiene über.

Das Ideal von einem „Homo hygienicus" nun auch zu realisieren in einer „Societas hygienica", das freilich war bereits das Programm der Medizinischen Aufklärung gewesen. Die Macht der Vernunft im Menschen sollte „durch einen sich

selbst gegebenen Grundsatz" Meister werden über seine „sinnlichen Gefühle" und
so „die Lebensweise bestimmen". Auf diesen Nenner hatte Kant das in seinem
Schreiben an Hufeland gebracht.

Erinnert werden sollte aber auch daran, daß „Gesundheit" zu allen Zeiten ein
Thema der Medizin war. „Die Gesundheit zu erhalten und die Krankheiten zu heilen
(schreibt Claude Bernard 1865): Das ist das Problem, das die Medizin von Anfang an
aufgestellt hat und dessen wissenschaftliche Lösung sie noch immer verfolgt".

1. Die „Gebote der Lebensordnung" bei Marx

„Man beginnt ein neues Leben, wenn man es von der rechten Seite auffaßt". Dieser
lapidare Kernsatz findet sich bei einem der bedeutendsten, wenn auch weithin ver-
gessenen Geister des 19. Jahrhunderts, bei Karl Marx, dem Mediziner. Um die Mitte
des Jahrhunderts war „Marx der Arzt" für die Göttinger Studenten noch ein lebendiger Begriff. Als „Marx der Einzige" erscheint er in Rolhlfs „Medizinische Klassiker
Deutschlands" (1875), wo es heißt: „Als solcher steht er einsam da, und noch nach
Jahrhunderten wird man von Marx dem Einzigen reden, als dem letzten Klassiker
und dem Arzt, der durch Begründung der ethischen Medizin den Samen der Zu-
kunftsmedizin ausstreute". Wer aber war dieser Marx?

Karl Friedrich Heinrich Marx wurde 1796 in Karlsruhe geboren und starb 1877 in
Göttingen. Er studierte in Heidelberg, Wien und Jena und wurde 1831 Ordinarius in
Göttingen. Neben der Geschichte der Medizin, die ihm zum Grundelement ärztlicher Bildung wurde, vertrat Marx die Pathologie und die Arzneimittellehre. 1844
veröffentlichte er seine „Blicke in die ethischen Beziehungen der Medicin", denen er
den Titel „Akesios" gab.

Akesios war ein griechischer Halbgott, der den Namen „der Heilende" führte und
der verwandt schien mit dem Harpokrates, dem Heilgott der alten Ägypter. „In der
Winterstille der Sonne geboren, zeigte er die Ohnmacht der Wintersonne an, ließ
aber von ihrer Wiederkehr neue Belebung hoffen. So war er (schrieb Marx in seinem
Vorwort) „den Kranken das Bild ihrer Schwäche und der Hoffnung ihrer Genesung".

In seinem „Akesios" bietet Marx in aller Breite die „Aphorismen eines Mediciners
über Kunst und Leben" an. In seinen Sinnsprüchen und Weisheiten zur Gesundheitslehre geht er davon aus, daß „die kostbarsten Lehren der Medicin" die der Lebensordnung seien und daß man diese nach dem Muster der klassischen Diätetik so
kunstvoll wie systematisch zu vermitteln habe. Gerade auf einem solch delikaten
Gebiete wie der „Mitteilung von Gesundheitsregeln" dürfe man es sich aber auch
nicht leisten, dilettantisch vorzugehen. Beginne man doch ein neues Leben, wenn
man es nur von der rechten Seite anfasse. Hier würden uns Überlieferungen gleicherweise helfen wie eigene Erfahrungen. „Die größten Lehrmeister der Ärzte – die
Natur und die Alten – bleiben immer jung. Die Erfahrung selbst ist eine frische Le-
bensquelle".

Gehen wir daher diesen Quellen einmal systematisch nach und auch diesen seinen „Gebote der Lebensordnung" nach dem Schema der klassischen Diätetik!

In seiner „Allgemeine Krankheitslehre" (Göttingen 1833) ist Marx zunächst einmal auf die Umweltbedingungen des gesunden und kranken Menschen eingegangen. „Jedes menschliche Individuum bildet zwar ein abgeschlossenes Ganzes, das

die Bedingungen seines Wohls und Wehs in sich trägt, aber zugleich steht es in Wechselwirkung mit der umgebenden Welt, deren mannigfachen Berührungen und Angriffen es fortwährend ausgesetzt ist". Ausführlich behandelt werden daher Licht und Wärme, die Luft und ihre Beimengungen, Temperatur und Witterung sowie die Tages- und Jahreszeiten.

Wie uns die Luft ein umfassendes „pabulum vitae" schenkt, so sind auch die Lebensmittel im engeren Sinne ein köstliches „pabulum" der Gesundheit. Manche Heilung könne denn auch bereits durch Beschränkung der Kost auf einfache Speisen und Getränke erreicht werden. „Die einfache Nahrungsweise ist die gesündeste". Des Menschen Schicksal liege nun einmal bereits in seinem Magen beschlossen. Der „mors in olla" stecke nicht in der Substanz des Topfes, im Blei- oder Kupfergehalt, sondern in dessen Inhalt. Wer ihn voll hat mit Knödeln, Nockerln oder Spatzelen, der „darf sich nicht wundern, wenn einmal auch das Herz zu voll ist".

Was für das Essen gilt, hat Geltung auch für das Trinken. „Das viele Trinken auf die Gesundheit" sei schon so etwas wie „ein Ertrinken derselben". Und wenn dann zu allem Übel noch „Bacchus das Feuer schürt, sitzt Venus am Ofen". In beiden Feldern könne daher nur kluge Mäßigkeit und Selbstbeherrschung empfohlen werden. „Herumziehende Übel, wie Rheumatismus und Gicht, sind, gleich Vagabunden, auf Wasser und Brot zu setzen".

Aus dem Wunsche, daß manches, was nicht ganz gesund erscheine, jederzeit noch geordneter und damit besser werden möge, ergab sich für Marx ein umfassendes Programm einer diätetischen wie ethischen Heilkunst, in das auch so banale und alltägliche Dinge wie Arbeit und Muße, Bewegung und Ruhe aufgenommen wurden. „Eine unermüdliche Tätigkeit gleicht einer Schraube ohne Ende". Daher immer wieder der Rat: „Wer nicht viele Jahre in die Stille zusammenhängender, tiefer Studien, mit hoher Selbstverleugnung, sich zurückgezogen, um ganz in den Gegenstand sich zu versenken, wird nichts Selbständiges schaffen". Das schönste Symbol – und auch Vorbild einer gesunden unermüdlichen Tätigkeit – aber war für Marx das immer schlagende Herz. „Es ist das kräftigste, fortdauernd Widerstand überwindende, keiner Ruhe bedürftige Organ. So wie es zu wirken aufhört, ist das Leben, welches es unterhält, dahin".

Zur Unterhaltung seines Lebens bedarf der Organismus aber auch der Ruhe, wie sie der Schlaf schenkt. Daher könne es für eine „Staatsarzneikunde" – wie damals noch der Öffentliche Gesundheitsdienst genannt wurde – keine wichtigere Aufgabe geben als die Pflege einer absoluten Nachtruhe. „Die Sanitätspolizei sorgt für Bewahrung des Geruch-, Geschmack- und Gesichtorgans, aber das Ohr bleibt jedem Eindruck preisgegeben. Das Geklimper ist nicht verboten".

Schlafen und Wachen sind im gesunden wie kranken Zustand ein überaus feiner Indikator, wie folgende Bemerkung aufweist: „Das Schlafen mit offenem Munde ist in Krankheiten ein schlimmes Zeichen; das Wachen mit offenem Munde – das viele Reden – deutet gleichfalls auf Schwäche". Nicht vergessen werden die Träume, die poetisch umschrieben werden als „Metamorphosen der Rückerinnerung, farbige Blätter im Herbst der Wünsche, Sternschnuppen am Nachthimmel des Bewußtseins". Wie schön das gesagt ist!

Um seines Lebens froh zu werden oder ein eigenes Leben voll zu entfalten, bedürfe der Mensch nicht so sehr der künstlichen Reize; er solle sich vielmehr ausrichten auf die einfache Natur. „Mein Bemühen würde darauf sich beschränken, die einfachsten Mittel hervorzuheben, stets heiter zu sein und am Körper keinen Mitschuldigen, sondern einen Freund zu besitzen". Denn wirkliche Hilfe, sie sei in den meisten Fällen doch nur von den einfachen Mitteln zu erwarten. Und so solle auch jeder sich anstrengen, „Herr in seinem Hause" zu sein. „Heiterkeit werde aufgesucht im Umgange mit der freien Natur, mit Menschen oder mit Büchern, und der reinste Genuß wie ein Samenkorn bewahrt, daß er aufgehe in trüben Tagen". Selbst schwierige Kranke würden dabei, wie saure Äpfel, „milde durchs Liegen".

Von Ruhe und Heiterkeit sollten auch die Arzneimittel zeugen. „Von den erfreuenden Arzneien (Laetificantia) ist keine Rede mehr, wohl aber von den gefühllos machenden (Stupefacientia)". Hier wäre eine wahre Wurzel der Psychohygiene und Psychotherapie zu suchen. „Die Ärzte, welche die Quellen der psychischen Übel zu verstopfen sich bemühen, sind nicht bloß Pfleger der Gesundheit und Diener der kranken Natur, sondern Kämpfer für den Seelenfrieden und für die Tugend". In ihren Händen sollte die Medizin zu einer praktischen Ethik werden.

Je mehr man aber darauf achte, daß „alle Mittel des physischen und moralischen Seins für die Erhaltung der Gesundheit" verwendet würden, um so mehr nähere sich auch die Medizin ihrer eigentlichen Aufgabe, nämlich: „Gesetzgebung des Lebens" zu sein. „Um die Lebensreise mit Zufriedenheit zurückzulegen, sind erforderlich gute Gesundheit und gutes Gewissen". Beiden dient die rechte Lebensordnung, die zu den kostbarsten Lehren der Medizin zähle, so, wie Perlen „die kostbarsten Tropfen im Ozean" sind.

Am 27. Mai 1843 hatte K. F. H. Marx vor der Göttinger Gesellschaft der Wissenschaften ein vielbeachtetes Referat „Ueber die Abnahme der Krankheiten durch die Zunahme der Civilisation" gehalten. Er zeigte darin auf, daß sich die Ausbreitung der Kultur immer auch wohltätig auf „das ganze leibliche Dasein des Geschlechtes" ausgewirkt habe. Es sei keineswegs so, daß allein schon der bloße Umgang mit der Natur auch „das Geheimnis der Gesundheit" enthalte. Vielmehr unterscheide sich „ein Individuum, das nichts weiter ist als gesund", nur wenig vom Tiere. Der zivilisierte Mensch müsse daher in wahrer Bildung der Natur erst lernen, das rechte Maß zu finden und damit auch „die Richtschnur des Seins und Handelns".

Freilich sei es mit der rhetorischen Aufklärung allein nicht getan. „Je mehr die ärztlichen Anordnungen Hirtenbriefen, nicht aber Polizeianordnungen gleichen, desto weniger werden sie befolgt". Ganz im Sinne Kants müsse – so Marx – der „status naturalis" als gesellschaftlicher Naturzustand organisch übergehen in den „status civilis". Damit aber erhielt der neuzeitliche Naturbegriff eine ordnungspolitische Dimension und trat endgültig an die Stelle des antiken „kosmos" und des mittelalterlichen „ordo". Als Raum und Zeit ist die Natur zur kategorialen Rahmenstruktur einer geschichtlichen Welt geworden. Auf diese Weise wurde der Naturbegriff zum Impuls für eine neue Wissenschaft der bürgerlichen Gesellschaft.

Die alte Diätetik und Hygiene zusammenfassend hatte August Bertele (1803) noch als „Lebenserhaltungskunde" bezeichnet. Sie habe die Aufgabe, durch eine „kluge Oekonomie mit den Außendingen" (hier erscheint wohl das letzte Mal der klassische Terminus technicus) die Gesundheit zu erhalten, das Lebensziel zu verlängern und die Heilung von Krankheiten zu befördern. So wolle es die Sorge um die Gesundheit, „das kostbarste Geschenk des Schöpfers". Und so dürften auch die Ärzte – so Karl Friedrich Heinrich Marx – „nicht müde werden, die Hauptsätze einer vernünftigen Diätetik geltend zu machen".

Unser Bild von der Natur – so will es der Geist der Aufklärung – gibt sicherlich kein statisches System absoluter Ordnung her, wohl aber die Matrix, aus der wir jenes obere Bezugssystem zu bilden vermögen, das Goethe „Geist" nannte, eine Führungsinstanz also, die wir nicht in einer abstrakten Situation finden, sondern immer nur aus der Verwurzelung eines Prozesses heraus, in einem äußerst dynamischen Gefüge, das uns nicht nur trägt und treibt, sondern auch leitet und bildet. In diesem Sinne konnte auch Marx konstatieren, daß es „die fortschreitende Kultur selber" sein werde, die den „Anforderungen der Humanität" zu genügen lerne.

Die Hauptaufgabe aber liegt nach Marx darin, „das Humane in allen seinen Äußerungen zu erforschen" und auf die einfachste Weise zu vermitteln, indem man „die Gebote der Lebensordnung" ebenso hochhält wie jede noch so fortschrittliche Therapie.

2. Eine „Neue Gesundheitslehre" bei Friedrich Oesterlen

Im Jahre 1857 hatte der Tübinger Kliniker Friedrich Oesterlen ein „Handbuch der Hygiene, der privaten und öffentlichen" publiziert, in welchem die Hygiene als die „Gegenfüßlerin der gesamten Medizin" bezeichnet wird. Sei sie es doch allein, die „den Menschen gesund erhalten will und gesund erhalten kann". Dazu aber gehöre nun einmal die Gestaltung der gesamten Lebensweise, die Kultur eben aller Lebensbedürfnisse. Neben der rein reparativen Linderung der Leiden sollte künftighin die positive Stilisierung der Gesundheit zum Auftrag der Ärzteschaft werden. Zuvor aber müßten die Ärzte erst einmal „aus ihrer fast habituellen Unkenntnis der Hygiene" herauskommen.

Wenig später – im Jahre 1859 – konnte Oesterlen bereits eine „neuere Gesundheitslehre" vorlegen, eine umfassende Hygiene, von der er erwartet, daß sie als das „Hauptproblem dieses Jahrhunderts" verstanden werde, die Hygiene eben als „das lichte verständige Kind unserer Zeit", der Mitte des 19. Jahrhunderts.

Die „Hygieine oder neuere Gesundheitslehre", dieses sein Programm einer umfassenden Gesundheitsbildung, hatte Oesterlen denn auch als den natürlichen Ausfluß unserer Zeit bezeichnet; er hat diese Gesundheitslehre „das nützlichste Geschenk unserer Zeit und der Naturwissenschaften im weitesten Sinne" genannt, um dann programmatisch fortzufahren: „Insofern aber Verbesserung aller gesellschaftlichen und Lebensverhältnisse ein Hauptproblem dieses Jahrhunderts zu sein scheint, werden wir eine Gesundheitspflege obiger Art auch deshalb als eine der bedeutungsvollsten Lehren unserer Zeit betrachten dürfen". Sei die Hygiene doch im besten Sinne des Wortes „eine soziale Wissenschaft; denn sie will und kann das Wohl der Menschen fördern".

In einer weiteren Schrift „Der Mensch und seine physische Erhaltung" (1859) war Oesterlen von der These ausgegangen, daß der Wert der Gesundheit abhänge von der Kulturstufe, die jeweils die Menschheit erreicht habe. Erst mit der Kultur wachse auch der Wunsch, Leben und Gesundsein zu erhalten, „und sie allein gibt am Ende die Mittel dazu, wie sie allein den unendlichen Wert dieser Gesundheit auch für die Gesellschaft verstehen lehrt".

Von der Gesundheit des Leibes, der Geister, der Sitte würden nicht nur Produktion und Arbeitskraft abhängen, sondern die gesamte Leistungsfähigkeit eines Volkes und sein Wohlstand, kurzum: „all sein Glück". Denn wer nicht gesund ist, kann einfach nichts leisten. „Er konsumiert bloß und produziert nichts, er fällt anderen so oder so zur Last". Er wird bloß noch mitgeschleppt als „Kostgänger der Gesellschaft".

Wovon aber hängt sie letztlich ab, die Gesundheit des Volkes wie die eines Einzelnen? Sie hängt nur ab von seinen geregelten Lebensverhältnissen: „seiner Nahrung und Lebensweise, seinen Wohnungen und Städten, also weiterhin von seiner Produktion, seinem Erwerb und Wohlstand". Überall fänden wir denn auch „Beweise genug, wie wundervoll die physische Natur (Luft und Wasser, Wärme und Licht, die Nahrungsstoffe, Klima und Boden) all unseren Bedürfnissen entspricht". Die Welt da draußen korrespondiert rundum mit dem Leben da drinnen. Der Mensch hat sich dieser kosmischen Gesetzlichkeit nur anzupassen. Fehler und Ausfälle aber würden in der ökologischen Bilanz immer nur auf sein Konto gehen.

Und so sah Oesterlen – „geführt vom echten Geiste des Naturverständnisses" – an die Stelle der „alten Medizin" eine „neue sicherere Kunst" treten mit dem neuen Heilauftrag: „Menschen, Völker gesund zu erhalten". Aus der Einsicht in die Grundbedürfnisse holte Oesterlen seinen Optimismus, durch Aufklärung die Lebenslage der Menschen entscheidend verbessern zu können. „Gebildete, freiere Völker, gewöhnt an eigenes Denken und Handeln, brauchen nur durch Erfahrung belehrt zu werden, und sie tun dann selbst, was nötig ist".

Gerade die kultiviertesten und tätigsten Völker seien zuerst zu der Überzeugung gelangt, „daß hier überall Verhüten die Hauptsache sei, und sie haben dies auch praktisch auszuführen verstanden, zu Haus, am friedlichen Herd wie im Feld, und auf den Schiffen so gut als in ihren Städten oder bei Expeditionen in ferne Länder".

Seine Gesundheitslehre galt Oesterlen mehr und mehr „als eine Art Gegengewicht gegen die Medizin und deren Heilkunde, welche sich im Ganzen nur um Kranke kümmert". Wir müßten aber auch als Propädeutik zu dieser Lehre von der Gesundheit erst den Menschen selbst kennenlernen, seine Natur, die Gesetze seines Lebens, die Einflüsse der Witterung, der Himmelsstriche und Wohnorte, seine Nahrung, seine Lebens- und Beschäftigungsweise, „ehe man die besten Wege zur Erhaltung seiner Gesundheit finden" könne. Bald schon würden dann die Staaten merken, daß eine Gesundheitspolitik, die auf diesen verhütenden – und allein wirksamen – Maßnahmen beruhe, weniger kostspielig sei als alle Palliativhilfe. „Wer da glaubt, daß z. B. die Unterhaltung und Pflege tausender von Armen, Waisen, Witwen, Kranken und Verkrüppelten wohlfeiler kämen als Maßregeln, wodurch fast all diese Ausgaben erspart werden könnten, befindet sich in einem schweren Irrtum".

Die alten Chinesen hätten ihren Ärzten denn auch ein um so höheres Honorar gegeben, je weniger Krankheiten auftraten. Große Reedereien würden ihren Kapitän für die Ausgeschifften bezahlen, nicht für die Einsteigenden. Für die heutige Medizin seien die Krankheiten hingegen vielfach nur Gegenstände der Forschung oder des Erwerbs geworden. Unsere Sache müßte es also eigentlich sein, sich dagegen zu schützen, und das könne man, wenn man nur wolle: Die Mittel dazu gebe uns „die neuere Gesundheitslehre", die im Grunde eine ganz alte sei, eine Binnenprogrammatik menschlichen Lebens, angesichts derer es kein vor und nach, kein innen oder außen gebe. Es werde am Ende doch nur auf unsere eigene Natur ankommen, ob Heilmittel uns helfen oder nicht, und die meisten Mittel zum Leben lägen – daran könne kein Zweifel sein – „ganz außerhalb der Medizin".

Es könne heute – so Oesterlen 1859 – kein Zweifel mehr darüber bestehen, „daß überall da, wo Kultur und Tätigkeit, also Freiheit und Wohlstand zu Hause sind, auch die öffentliche Gesundheitspflege am besten bestellt sein werde". Pflege der Gesundheit aber, das sei letztlich Sache von jedermann, und nicht länger sollte man vom anderen eine Hilfe erwarten, die man sich besser selbst leistet". Und so sei es wiederum die Gesundheitspflege, die „als sicherer Maßstab für das ganze öffentliche Wesen und als Bildungsreife eines Volkes gelten" könne.

Bildung ist auch hier wiederum nichts anderes als Kultur der Natur. Die Natur aber ist und bleibt die Basis alles zivilisierten Lebens. „Wem die Natur unbekannt ist, für den existiert sie auch so gut wie nicht. Er versteht weder sie noch sich selbst, und jetzt nicht einmal mehr seine Zeit. Er weiß nicht, was hier überall Ursache und Wirkung ist. Alles gilt ihm als Zufall oder bleibt ihm undurchdringliches Geheimnis". Ohne einen Begriff der Natur bliebe der Mensch gebunden an magisch bedrohende Kräfte oder an fremde Autoritäten.

Unter allen Einflüssen, die „für Leben und Gesundheit" geradezu maßgebend seien, spiele nun einmal „die ganze uns umgebende Natur" eine Hauptrolle. Was von den alten Ärzten zu Unrecht noch unter die bloßen natürlichen Elemente gerechnet wurde, das gewinne in der kultivierten Heilkunde den Charakter eines „bildenden Elementes": Aus den „res naturales" sind die „res non naturales" geworden.

In seiner Gesundheitslehre (1859) hatte Friedrich Oesterlen beschrieben, „wie wundervoll die physische, die sogenannte Natur, Luft und Wasser, Wärme, Licht und Nahrungsstoffe, Klima und Boden unsern Bedürfnissen entsprechen. Alle Naturgesetze in ihrer fast göttlichen Einfachheit harmonisieren aufs schönste unter sich selbst wie mit den Menschen". Fehler und Ausfälle würden immer auf Seiten des Menschen liegen: in der falschen Ordnung der Städte und Wohnungen, in unserer fehlerhaften Anstrengung bis zur Erschöpfung, im Mißbrauch von Giften, bei Gram und Sorgen aller Art.

Damit ordnen sich aber auch die menschlichen Urbedürfnisse und Grunderfahrungen wiederum ein in jenen diätetischen Katalog, der allen zivilisierten Lebensformen als Modell gedient hat. Und so knüpft sich dieser Aufriß einer „neueren Gesundheitslehre" wieder an die ältere Heilkunde an, die als „Wissenschaft von der Gesundheit" in der alten Hygiene und Diätetik so lebendig war. Lebensform steht eben allenthalben in Einklang mit der Heilkunde; Heilkunst scheint nicht möglich und nicht wirksam zu sein ohne eine Kultivierung der gesamten Lebensverhältnisse.

Gesundheit des Leibes und des Geistes bedingen bei Oesterlen einander. Aber Gesundheitsregeln allein haben ihm nicht genügt; es müsse „auch allen Volksklassen so gut als dem Einzelnen die Möglichkeit gegeben sein, unseren unabweislichen Lebens- und Gesundheitsbedingungen oder – mit anderen Worten – den Gesetzen unserer Natur Genüge zu tun".

Dafür aber die Voraussetzungen zu schaffen, das sei die Aufgabe des Staates. Die Aufgabe der Hygiene sei es alsdann – so im „Handbuch" (1851) – „auf die Kenntnis jener Bedingungen ihre Regeln zu gründen, durch deren Befolgung die gesunde Entwicklung wie das Gesundbleiben unserer geistig-sittlichen Anlagen und Fähigkeiten gefördert werden kann". Diese Regeln aber sollten ebenso für das „Fabrik-Proletariat" gelten wie für das Bürgertum. Durch ihr ethisches Verhalten sollten beide Volkskreise als voll verantwortliche Mitglieder in die Gesellschaft eingeführt werden.

Oesterlens Kollege, Carl Wilhelm Ideler, Direktor der Irrenabteilung der Berliner Charité, hatte (1846) dieses Programm auf die Formel gebracht: „Diätetik als Kultur des Lebens".

3. Eine „Wirtschaftslehre von der Gesundheit" bei Pettenkofer

Max von Pettenkofer (1818–1900), seit 1865 Ordinarius für Hygiene in München, schrieb neben seinem „Handbuch der Hygiene des Menschen" (1882) eine vielbeachtete Abhandlung „Über den Wert der Gesundheit für eine Stadt" (1877), wobei er hier schon den wirtschaftlich-materiellen Wert im Auge hatte. Der Titel verweist überdies auf eine neuartige, soziokulturell orientierte Lehre von der Gesundheit.

Ehe sich seit dem Sommersemester 1865 der endgültige Titel „Vorträge über Hygiene" durchsetzte, waren Pettenkofers frühere Vorlesungen angekündigt worden unter „Vorträge über diätetisch-physikalische Chemie" (1953), oder „Über Medizinalpolizei mit Berücksichtigung der physikalischen und chemischen Grundlage der Gesundheitslehre" oder auch einfach: „Öffentliche Gesundheitspflege für Ärzte, Architekten und Ingenieure". Die Titel bereits verraten das Programm der neuen, naturwissenschaftlich-technisch orientierten Gesundheitslehre.

Die mit den 80er Jahren des 19. Jahrhunderts kritisch betrachteten ökonomischen Verhältnisse wie auch die wissenschaftlichen Erkenntnisse über Mikroorganismen konnten und mußten dieser neuen „Hygiene" Aufwind geben. Gesundheit und Krankheit werden mehr und mehr als technisch-mechanische Probleme betrachtet, die unter Anwendung physikalisch-chemischer Verfahren gelöst werden können. Gesundheit wird eingeengt auf Begriffe physischer Funktionsfähigkeit; sie verliert den qualitativen Bezug zum Erfahrungsbereich der Alltagskultur.

Hinzu kommt die mit dem Zeitalter der Industrialisierung aufgekommene „Assanierung" der großen Städte, die Pettenkofer sehr energisch als eine gemeinsame Aufgabe von Ärzten, Architekten, Ingenieuren und Verwaltungsbeamten gesehen hatte. Wie sehr er aber auch mit dem „Wirtschaftsgut" – das, was englische Reformer wie Edwin Chadwick „human capital" nannten – von vornherein Ernst machte, zeigt sein Beitrag „Was man gegen die Cholera thun kann" (München 1873), wo er unverblümt betont, daß ein Abbrechen des Handelsverkehrs, um die Ausbreitung der Cholera zu verhindern, ein größeres Übel sei als die Cholera selbst.

Sehr früh schon – auf der Naturforscher-Versammlung in Frankfurt (1867) – hatte er als Ordinarius der Hygiene seine berühmte Rede „Ueber die Bedeutung der öffentlichen Gesundheitspflege" gehalten, und auf der gleichen Versammlung erfolgte die Gründung einer „Sektion für öffentliche Gesundheitspflege", auf der nun Jahr für Jahr das Programm der „neuen Hygiene" entfaltet und begründet werden konnte.

In seiner Abhandlung über die „Stellung der Hygiene an den Hochschulen" (1876) wird dieses Programm noch klarer zusammengefaßt, wenn es heißt: „Ich nenne Hygiene die wissenschaftliche Lehre von Gesundheit, ähnlich wie Nationalökonomie die Güterwirtschaft betrachtet. Sie hat die Wertigkeit aller Einflüsse der natürlichen und künstlichen Umgebungen des Menschen zu untersuchen und festzustellen, um durch diese Erkenntnis dessen Wohl zu fördern". Und in gleicher Weise, „wie im Lauf der Zeit aus den Cameralfächern eine Wirtschaftslehre entstanden" sei, so müsse auch „aus der Gesundheitspflege und Medicinalpolizei eine Gesundheitswirtschaftslehre sich entwickeln".

Im einzelnen befaßte sich Pettenkofers „Hygiene" mit der Luftverderbnis durch Heizungs- und Beleuchtungsanlagen, mit Trinkwasser und Kanalisation, mit Bekleidung und Hautpflege, mit Leibesübungen und Desinfektion sowie mit allen Belangen des banalen Alltags. So war das Bett für ihn kein „Ruhelager", sondern eine Art von Bekleidungsstück, unser „Schlafkleid" eben, welches für die „Wärmeökonomie" von großer Bedeutung sei. So zu lesen in seiner volkstümlichen Schrift: „Der Boden und sein Zusammenhang mit der Gesundheit des Menschen" (1882).

Neben der Behandlung der Umwelt betonte Pettenkofer (1882) die fundamentale Bedeutung der Ernährung, die so tief in jedem Lebewesen begründet sei. Und so seien die Lebensmittel denn auch „die Ursache des die ganze organische Welt beherrschenden Kampfes um das Dasein". Durch Ernährung bedingte stabile Gesundheit wurde geradezu zum Garanten der Leistungsfähigkeit des arbeitenden Menschen. Dabei waren es vor allem die großen Städte, die begannen – gemäß den Vorschriften der Hygieniker – in eine öffentliche Gesundheit zu investieren. Öffentliche Gesundheit war ein „Wirtschaftsfaktor" geworden.

„Wirtschaft" und „Wohlbefinden" spiegeln sich bald bis in die Sprache des Alltags. Da soll der Staatshaushalt „saniert" werden, wenn es im Gesundheitswesen „kränkelt". Patienten fühlen sich „abgewirtschaftet" und wollen daher mit ihren Kräften „haushalten". Und so war auch für Pettenkofer letztlich die Gesundheit nichts anderes als ein „Kapital", das möglichst „Zinsen" tragen sollte.

Pettenkofer war einer der ersten Hygieniker, welcher die Umwelt des Menschen in ihrer Einwirkung auf die Gesundheit systematisch untersucht hatte. Er brachte damit das in Bewegung, was wir heute mit einem ganzen Spektrum sogenannter „ökologischer Fächer" zu analysieren versuchen. Pettenkofer war aber auch einer der Ersten, die endgültig mit der Tradition „tabula rasa" zu machen verstanden –, auch wenn er zugeben mußte, „daß sich die öffentliche Gesundheitspflege der Gegenwart wesentlich noch mit denselben Gegenständen wie zur Zeit des Moses und Hippokrates beschäftigt".

Der „ganze Inhalt der Hygiene" jedenfalls war für Pettenkofer „nichts anderes als eine angewandte Physiologie, mit besonderer Rücksicht auf die Erhaltung des Wohlbefindens des Menschen" (1872). In dem „scharfen, analytischen Scheidewasser" der Naturwissenschaft – so 1873 – hätten sich „die früheren Stützen der Gesundheitslehre", der älteren Diätetik und Hygiene, „fast vollständig aufgelöst". Als Grundlage der Hygiene gelten fortan allein nur noch physikalische, chemische, physiologische und technische Tatsachen.

Dabei hatte Max von Pettenkofer durchaus Achtung für die ältere Diätetik und Hygiene, die „gefühlsmäßig" schon das Richtige getroffen habe und bereits ein vollständiges Programm der Gesundheitslehre entwickeln konnte, aber diese „althergebrachte Gesundheitslehre" müsse nun endlich aus dem bloßen „Gefühlsstandpunkte" befreit und mit naturwissenschaftlichen Methoden untermauert werden.

In der gleichen Weise, wie Friedrich List in seinem Werk „Das nationale System der politischen Ökonomie" die Güterwirtschaft betrachtet und gewertet hatte, faßt nun auch Pettenkofer „die Hygiene als Wirtschaftslehre von der Gesundheit" auf (1875). Gesundheit sei nun einmal nicht nur ein „Gut", das wie alle Güter erbt werde, sondern auch ein „Vermögen", das man sowohl vermehren als auch verschludern könne.

Auch in seiner Grundsatzrede auf der 50. Naturforscher-Versammlung (1877 in München) ging Pettenkofer davon aus, daß der Mensch zwar „an den ewigen Gesetzen der Natur nichts zu ändern vermag", daß er aber ihre Kräfte benutzen könne, um seinen eigenen Lebensraum zu gestalten. „Der Mensch schafft sich neben der natürlich gegebenen auch seine eigene Welt, und ein wesentlicher Teil derselben ist alles, was Wissenschaft heißt". Und so sei denn auch ganz selbstverständlich die Naturwissenschaft dazu bestimmt, „in der Kulturgeschichte des Menschen eine große, vielleicht künftig die größte Rolle zu spielen".

In seiner Gedächtnisrede vor der Bayerischen Akademie der Wissenschaften (1901) konnte sein Schüler und Freund Carl von Voit in Max von Pettenkofer einen der originellsten Naturforscher aller Zeiten ehren, einen Forscher, „der die Gesetze erfunden hat, wie man das hohe Gut der Gesundheit erhält und stärkt" – und der gerade damit auch wie wenige Ärzte „die Wohlfahrt des Volkes" gefördert habe.

4. Gesundheit als soziales Programm bei Rudolf Virchow

Wenn – wie in unserem kritisch-historischen Panorama – von „Gesundheit und Gesellschaft" die Rede sein soll, denkt man unwillkürlich an den Berliner Pathologen Rudolf Virchow (1821–1902), der besonders energisch den Begriff „Gesundheit" aus dem individuellen Bereich von „Gesundsein" herausgelöst hat, um ihn als „Einrichtung sozialer Art" zur Darstellung zu bringen, mehr noch: als ein die Gesellschaft verpflichtendes „Recht auf Gesundheit".

Mit seinem Hauptwerk „Die Cellularpathologie" (1859) hatte Virchow sehr bewußt die vieltausendjährige Humoralpathologie abgelöst, um einer naturwissenschaftlichen Medizin die Bahn zu ebnen. In der Zelle glaubte Virchow die Matrix und den Keim alles Lebendigen gefunden zu haben. Durch die ganze Reihe alles Lebendigen hindurch finden wir eine bestimmte Übereinstimmung jener elementaren Form, die sich im Zellengefüge letztlich zu einem wohlorganisierten Zellenstaat summiert.

„Wie ein Baum (lesen wir eingangs) eine in einer bestimmten Weise zusammengesetzte Masse darstellt, in welchem als letzte Elemente zellige Elemente erscheinen, so ist es auch mit den tierischen Gestalten. Jedes Tier erscheint als eine Summe vitaler Einheiten, von denen jede den vollen Charakter des Lebens an sich trägt".

Daraus geht für den Naturforscher Virchow eindeutig und in letzter Konsequenz hervor, „daß die Zusammensetzung eines größeren Körpers immer auf eine Art gesellschaftlicher Einrichtung herauskommt, eine Einrichtung sozialer Art, wo eine Masse von einzelnen Existenzen aufeinander angewiesen ist, aber so, daß jedes Element für sich eine besondere Tätigkeit hat, und daß jedes, wenn es auch die Anregung zu seiner Tätigkeit von anderen Teilen her empfängt, doch die eigentliche Leistung von sich ausgehen läßt".

Damit ist schon deutlich zum Ausdruck gekommen, was Virchow als die „soziale Frage" für die Medizin umschrieben hat und womit er sein „soziales Zeitalter" anbrechen sah. Hatte die medizinische Aufklärung des 18. Jahrhunderts bereits dem Arzt einen höheren Auftrag innerhalb der Gesellschaft gegeben, so setzt nunmehr die naturwissenschaftlich motivierte Medizin eine geradezu universelle Mission in Bewegung, in welcher die Medizin zur Führerin der Menschheit werden sollte und in welcher der Arzt als der Fachmann galt für die „Konstituierung der Gesellschaft auf physiologischer Grundlage" (1849), die Bildung also einer gesunden Gesellschaft.

Der Arzt dürfe – so Virchow – sich nicht länger seinem eigentlichen Auftrag entziehen, mit welchem ihm die Öffentliche Gesundheitspflege anheimgegeben sei. Denn „die Ärzte sind die natürlichen Anwälte der Armen, und die soziale Frage fällt zu einem erheblichen Teil in ihre Jurisdiktion".

Mit der gleichen Folgerichtigkeit wie beim Zellenstaat, den Virchow des öfteren einen „Zellenbund" nennt, einen „demokratischen Zellenstaat", einen freien föderativen Verband gleichbedeutender Einzelwesen, wobei er kämpfen will für den „dritten Stand", die Gewebe, mit der gleichen Folgerichtigkeit wollte er auch eine allgemeine medizinische Reform betreiben. „Die öffentliche Gesundheitspflege" – so folgert er – „läßt sich gar nicht mehr isoliert betrachten, sie ist nicht mehr eine unpolitische Wissenschaft, die Staatsmänner bedürfen des Beistandes einsichtsvoller Ärzte".

Virchow sieht darüber hinaus den Zeitpunkt gekommen, wo die Medizin allein noch die wesentlichen Aufgaben der Kultur erfüllen könne, sodaß in Zukunft nur Ärzte allein noch die Träger der Kultur sein dürften. Seine „medizinische Reform" wollte daher nichts Geringeres repräsentieren als die Reform der Wissenschaft in der Gesellschaft. Hierfür glaubte Virchow die Prinzipien entwickelt zu haben, die uns organisch weiter in die Zukunft tragen.

Auch hieraus wurden nochmals notwendige Folgerungen gezogen, wenn wir lesen: „Nicht bloß die physische Erziehung, die Gymnastik in ihrer weitesten Ausdehnung, die Bestimmung der Unterrichtszeit gehören hierher, sondern der Unterricht muß gewisse Impulse von der Medizin erhalten. Populäre Unterweisungen, die eine allgemeine, vernünftige Diätetik, eine allgemeine Prophylaxe etc. begründen, müssen sich auf eine durch den Unterricht allgemeiner verbreitete Kenntnis des menschlichen Körpers stützen: die Sittlichkeit muß aus einer gründlicheren Anschauung von dem Wesen der Naturerscheinungen, von der Bedeutung der ewigen Naturgesetze und von ihrer Geltung im eigenen Leibe neue und sichere Stützen gewinnen" (1848).

Rudolf Virchow ging noch einen Schritt weiter, wenn er die Idee dieses Bildungsprogramms mit dem „Gang der Kultur des Menschengeschlechts" insgesamt zu verbinden trachtete. Wir alle seien ja von der Natur ausgegangen, hätten uns nach und nach gelöst, wurden emanzipiert und blieben doch alle dieser Natur verhaftet. „So muß auch die Medizin zur Natur zurück". Aus den Ärzten waren Priester geworden. Allein die Medizin vermochte sich bald schon zu emanzipieren, „wie sich der Staat und die Schule emanzipierten, bis der Prozeß mit der Emanzipation der Gesellschaft beendet sein wird". Und so sollten auch die Ärzte wieder Priester werden, „die Hohenpriester der Natur in der humanen Gesellschaft. Aber mit der Verallgemeinerung der Bildung muß diese Priesterschaft sich wiederum in das Laienregiment auflösen und die Medizin aufhören, eine besondere Wissenschaft zu sein. Ihre letzte Aufgabe als solche ist die Konstituierung der Gesellschaft auf physiologischer Grundlage" (1849).

Als eine „soziale Wissenschaft" dieser Dimension erst werde die Medizin den ihr von Natur aus zustehenden Platz in der Gesellschaft behaupten und zum Garant der sozialen Zukunft werden. Virchow hielt es einfach für untragbar, daß die realen Wissenschaften immer offensichtlicher „in den tiefsten Born der Erkenntnis" schauen, ohne nun auch „die Neigung einer Anwendung ihrer Erkenntnis zu verspüren". Habe doch die Medizin allein wirkliche Kenntnis von den Gesetzen, die den Körper *und* den Geist zu bestimmen vermögen! „Soll die Medizin daher ihre große Aufgabe wirklich erfüllen, so muß sie in das große politische und soziale Leben eingreifen; sie muß die Hemmnisse angeben, welche der normalen Erfüllung der Lebensvorgänge im Wege stehen und ihre Beseitigung erwirken. Sollte es jemals dahin kommen, so wird die Medizin, was sie auch sein muß, ein Gemeingut aller sein; sie wird aufhören, Medizin zu sein, und sie wird ganz aufgehen in das allgemeine, dann einheitlich gestaltete Wissen, das mit dem Können identisch ist".

Kämpft doch – nach Virchow – die radikale Reform des Medizinalwesens um den „großen Gedanken des Humanismus". Dessen Bedingungen aber sind einzig und allein: „Gesundheit und Bildung". Bildung und Gesundheit aber sind – so Virchow – nur zu realisieren durch jene Öffentliche Gesundheitspflege, die sich „das soziale Zeitalter" zum Programm gemacht hat. Grundlage der wissenschaftlichen Medizin aber bleibt die Physiologie, die Lehre vom gesunden Leben. Auf dieser Basis erst bauen sich die beiden integrierenden Bestandteile einer Heilkunde auf: die Pathologie, als die Lehre von den veränderten Bedingungen und Erscheinungen des Lebens, und die Therapie, „welche die Mittel, diese Bedingungen aufzuheben oder die normalen zu erhalten, feststellt".

Im „Übergang vom philosophischen zum naturwissenschaftlichen Zeitalter" – wie Rudolf Virchow in seiner Berliner Rektoratsrede sein Jahrhundert charakterisieren konnte – wird der Medizin eine neue, eine umfassende „pädagogische Aufgabe" zugespielt, was für seine Gesundheitslehre von besonderer Bedeutung werden sollte. Virchow steuert von Anfang an seiner „Medizin im Großen" zu. Die Institutionen einer Öffentlichen Gesundheitspflege könnten dabei keine andere Aufgabe haben, „als den großen Gedanken des Humanismus Gehalt zu geben". Ausgegangen wird dabei ausdrücklich von den Forderungen des „politisch-sozialen Fortschritts", wenn Virchow postuliert: „und die Ehre erheischt es, den sittlichen, politisch-sozialen Fortschritt der Zeit auch in der Medizin zur Geltung zu bringen. Das Prinzip ,von Gottes Gnaden' und die Armenkrankenpflege ,um Christi willen' sind gefallen, das Prinzip der gleichen Berechtigung und die öffentliche Gesundheitspflege als Konsequenz derselben sollen und wollen zur Geltung kommen" (1848).

Auch daraus werden sogleich weitreichende Konsequenzen gezogen: „An die Stelle des Strafrechts muß jetzt die Psychologie treten, wie die Politik durch die Anthropologie zu ersetzen ist; denn die Geisteskrankheiten der Völker, die psychischen Epidemien, können nur anthropologisch geheilt werden". Den Krankheiten des Staates müssen daher „politische Arzneien" verordnet werden, sonst bleiben beide eine halbe Sache: die Politik wie die Medizin!

Mit diesem seinem Modell einer „physiologischen Bildung" versuchte Virchow nun auch in die sozialen und politischen Bereiche vorzustoßen. Neben der rein reparativen Linderung der Leiden sollte künftighin die positive Stilisierung der Gesundheit zum selbstverständlichen Auftrag des Arztes werden.

Während aber das ganze Mittelalter das Ethos des Arztes weniger im Sanieren erblickt hatte als in der „Barmherzigkeit", wird jetzt als das oberste Prinzip der öffentlichen Gesundheitspflege „das Recht" proklamiert. Im Namen des Rechtes wird „die christliche Barmherzigkeit" grundsätzlich zurückgewiesen. Statt dessen soll fortan die allgemeine „Menschenliebe" einen Rechtszustand erzeugen, „der die Gnade entbehrlich mache, einen Rechtszustand, der den Besitzlosen ihr einziges Eigentum, ihre Gesundheit, sichere". Das „Recht auf Gesundheit", es ist hier erstmals und eindeutig proklamiert.

Rudolf Virchow akzeptiert im Grunde nur noch eine Fakultät, die naturwissenschaftliche Medizin, für die er den bestechenden Namen erfunden hat: „Anthropologie im weitesten Sinne". Diese Ganzheitsmedizin beherrscht die wissenschaftliche Methode; sie ist der Kern der Entwicklungstheorie und der Motor aller Sozialbewegung. Ihre Physiologie baut die künftige Gesellschaftsstruktur, ihre Therapeutik die Kirche der Zukunft. Selbst Politik ist nichts weiter als Medizin im Großen.

Und doch konnte Virchow, der als krasser Materialist verschriene große Naturforscher, im Jahre 1859 bekennen: „Der gebildete Mensch soll nicht bloß seinen eigenen Leib kennen, weil eine solche Kenntnis zur Bildung gehört, sondern vielmehr deshalb, weil zuletzt die Vorstellung, die man sich von sich selbst macht, die Grundlage für alles weitere Denken über den Menschen wird". Virchow schließt daraus: „Verlegt man das Leben in die Seele und löst man schließlich, wie es jetzt gewöhnlich geschieht, die Seele gänzlich vom Leibe ab, so daß der letztere nur einer der Gegenstände wird, auf den die Seele wirkt, so wird der Leib etwas Niedriges, Gemeines, das so sehr als irgend möglich in den Hintergrund gedrängt werden muß, ja dessen Zerstörung erst die Befreiung der Psyche bedingt".

Im Grunde lag dem Arzt Virchow nur der Mensch in seiner Ganzheitlichkeit am Herzen. Und die Medizin war für ihn nichts weniger als die Wissenschaft vom Menschen, und er benannte sie ja auch so als „Anthropologie im weitesten Sinne". Er war besessen von der Idee, daß, wenn es überhaupt möglich sei, das Menschengeschlecht zu veredeln, die Mittel zur Humanisierung der Medizin in die Hand gegeben werden müsse. Aber nicht nur den leibhaften Organismus wollte er erfassen, sondern auch die Organismen höherer Art, die Gesellschaft und die Kultur. Der Sozialreformer Virchow glaubte bemerkt zu haben, daß sich ein Phänomen wie die Individualität nicht übertragen ließe auf rein körperliche Verhältnisse. Er schlug daher vor, lieber von der „gesellschaftlichen Natur der Organismen" zu sprechen.

Was im Naturforscher zur „Klarheit der wissenschaftlichen Vorstellungen" gekommen sei, das sollte nun aber auch „Gemeingut des Volkes" werden. Die „Gesundheit des Volkes" sei es, die zur Sorge unserer Staatsmänner werden müsse. An den Naturforschern und Ärzten aber werde es in erster Linie liegen, „die Staatsmänner zu durchdringen mit der Erkenntnis, wie das Volk gesund, wie das Volk glücklich gemacht werden kann".

Die Öffentliche Gesundheit – und in ihr erst die Stilisierung der Gesundheit jedes Einzelnen – war somit letztlich die Aufgabe, die sich Rudolf Virchow zum Lebensprogramm gemacht hatte und die er mit seinem Schlagwort vom „Recht auf Gesundheit" erweitern konnte zu einem sozialen Programm, jenem gesunden Leben eben, das sich nur in gesunder Gesellschaft verwirklichen läßt.

5. Der Kodex der Sozialversicherung

Hatte der Hygieniker Pettenkofer die Hygiene eingeflochten in die Medizin als angewandte Naturwissenschaft, der Pathologe Virchow sie ausgeweitet zu einem sozialen Kulturprogramm, so sollte mit den 80er Jahren des 19. Jahrhunderts abermals eine einschneidende Veränderung des Gesundheitsbegriffs in die Wege geleitet werden, so einschneidend, daß man geradezu von einem „Verlust der Gesundheit" sprechen könnte.

Über die Jahrhunderte hinweg waren die klassischen Konzepte der Heilkunde getragen von einer kategorialen Dreigliederung, wobei die Kategorie der Gesundheit (sanitas) nur als ein approximativ zu erreichendes Ideal galt und die Krankheiten (infirmitates) als kritische Grenzzustände gewertet wurden. Dazwischen aber lag das riesige Übergangsfeld der „neutralitas", wo man weder richtig krank noch ganz gesund war (ne utrum), jenes nahezu alltägliche Zwischengebiet also, in welchem die Ärzte noch ihre großen Kompetenzbereiche hatten und die Patienten ihre eigenen Entscheidungsspielräume.

Gerade diese sozialen Spielräume im Gesundheitswesen sind uns verlorengegangen, seit der Gesetzgeber mit einem Schlag die mittlere Kategorie eliminiert hat. Im Netz der sozialen Sicherung kann man sich denn auch nur „krank melden" (und dann beginnt die Patientenkarriere, steht man im Betroffenenkollektiv), oder man wird wieder „gesund geschrieben" (und steht damit wieder im Arbeitsprozeß). Verloren ging damit der zwischen den Grenzphänomenen vermittelnde dritte Bereich, jenes Zwischenfeld, in dem wir uns normalerweise alle befinden, in welchem der Arzt seiner ältesten Aufgabe nachkommen konnte, der Diätetik und Hygiene, und damit der Kultivierung des Alltags.

Jetzt aber werden erstmalig in der vieltausendjährigen Geschichte der Medizin „gesund" und „krank" wie zwei Blöcke behandelt, in einem geschlossenen System, in welchem man den Kranken anhält, „sich krank zu melden" und die Ärzte dazu verdonnert, sie „wieder gesund zu schreiben". Verloren ging damit jener unermeßliche Zwischenbereich zwischen gesund und krank, welchen die alten Ärzte „neutralitas" nannten, ein gewaltiges Brachfeld, das zu kultivieren einem Menschen lebenslang aufgetragen war.

Wie hat es zu einem derart einschneidenden und folgenschweren Ereignis kommen können?

Am 17. November 1881 wurde im Berliner Reichstag eine „Kaiserliche Botschaft" verlesen, die als die „Magna Charta der deutschen Sozialversicherung" in die Geschichte eingehen sollte. Mit diesem Dokument hatte Otto Fürst von Bismarck sein berühmtes, von der ganzen Welt bewundertes Gesetzgebungswerk eingeleitet, das den sozial schwächeren Schichten der Bevölkerung Schutz bei Krankheit, Unfall und Invalidität gewähren sollte. Mit dem Gesetz vom 15. Juni 1883 wurde zunächst die Krankenversicherung der Arbeiter ins Leben gerufen, am 6. Juli 1884 folgte die Unfallversicherung, am 22. Juni 1889 die Invaliditäts- und Altersversicherung, die 1911 zu jener Reichsversicherungsordnung (RVO) erweitert wurden, die spätere Generationen immer wieder von neuem ergänzt und modifiziert haben.

War damals lediglich an eine soziale Solidargemeinschaft mit den Armen und Schwachen – insgesamt etwa 8 bis 10 % der Bevölkerung – gedacht, so umfaßt heute die Sozialversicherung bereits mehr als 95 % der Bevölkerung. Die Strukturen dieser Sozialversicherung bilden einen Grundbestand unserer Gesellschaft. Seine Funktionen bestimmen weitgehend das soziale Klima unseres Landes und seiner Zukunft.

Der politische Charakter dieser Kaiserlichen Botschaft trat bereits in der Präambel klar zutage. Man wollte – so heißt es – „die Heilung der sozialen Schäden nicht ausschließlich im Wege der Repression sozialdemokratischer Ausschreitungen" suchen, vielmehr auf dem „Wege der Gesetzgebung" der „positiven Förderung des Wohls der Arbeiter" dienen. Nicht als Almosen sei diese Versicherung gedacht, sondern – so Bismarck 1881 – als „Recht auf Versorgung", als umfassende Maßnahme gegen Krankheit und Unfall, gegen Invalidität und Alter. An die Sozialgesetzgebung wurde denn auch die Erwartung geknüpft, um – wie es weiter heißt – „dem Vaterlande neue und dauerhafte Bürgschaften unseres inneren Friedens und den Hilfsbedürftigen größere Sicherheit und Ergiebigkeit des Beistandes, auf den sie Anspruch haben, zu hinterlassen".

In seiner berühmten Reichstagsrede zum Sozialistengesetz vom 9. Mai 1884 hatte Bismarck die sozialpolitischen Ziele seiner Zeit auf die knappe Formel gebracht: „dem Arbeiter das Recht auf Arbeit zu geben, solange er gesund ist; dem Arbeiter die Pflege zu sichern, wenn er krank ist, und ihm Versorgung zu sichern, wenn er alt ist".

Die zunehmende Wertschätzung der öffentlichen Gesundheitspflege seitens des Staates geht bereits deutlich aus einer Ansprache des Staatssekretärs Graf Posadowsky hervor, die er am 20. März 1901 vor den Mitgliedern des neuen Reichsgesundheitsrates gehalten hatte und wo es heißt: „Es ist das sicherste Zeichen für den staatlichen und wirtschaftlichen Fortschritt eines Volkes, wenn sich in demselben die Erkenntnis vertieft, nicht nur von der ethischen, sondern auch der volkswirtschaftlichen Bedeutung jedes einzelnen Mitmenschen für die Gesamtheit und wenn dementsprechend auch die Wertschätzung des Menschenlebens sowohl seitens des Staates wie seitens sämtlicher Volksgenossen in immer höherem Maße wächst".

Neben der Seuchenbekämpfung und Krankenbehandlung werden mehr und mehr auch die Fragen der Wohnung und Ernährung, der gewerblichen Tätigkeit und einer allgemeinen Hygiene zu den Aufgaben der Gesundheitspolitik gerechnet. „Gesundheit" – so schloß 1901 der Staatssekretär Posadowsky – „bedeutet Schaffenskraft und Arbeitsfreudigkeit nicht nur für den einzelnen Menschen, sondern auch für ein ganzes Volk, welches mit zunehmendem äußeren Wohlbefinden in gleichem Maße befähigt ist, die ihm durch seine Geschichte und die natürlichen Bedingungen des Landes zugewiesenen Aufgaben zu erfüllen".

Die moderne Gesundheitspolitik blieb freilich unverändert auf Krankheiten fixiert, wie sie in den Lehrbüchern des 19. Jahrhunderts katalogisiert wurden, in erster Linie also auf Infektionskrankheiten; ihr „Gesundheitswesen" hat sich denn auch bisher – trotz aller gegenteiligen Proklamationen – auf das „Krankheitswesen" beschränkt. Nach und nach erst kamen die gesellschaftlichen Störfelder und damit die sozialen Konflikte in den Horizont der Politiker.

Wirtschaftlich getragen aber wird dieses Gesundheits-System von kollektiven Organisationen sozialer Risikoverteilung, von den Krankenversicherungen in erster Linie oder von der Unfall- und Rentenversicherung. Die Partner selber jedenfalls bekommen das finanzielle Risiko, und auch die soziale Belastung insgesamt, kaum noch zu spüren. Die Rolle des Arztes wurde dabei in ein Rollenbündel eingelagert, das sich ständig weiter differenziert und polarisiert. Der Arzt spielt nicht mehr gegenüber seinem Patienten den Solisten; er steht mehr und mehr in der Interaktion mit anderen Ärzten und zahlreichen halbprofessionellen Institutionen.

Die Kritik an der Gesetzlichen Krankenversicherung erstreckt sich nicht von ungefähr auf folgende nachteilige Wirkungen: 1. Das Versicherungssystem erzieht seine Schützlinge zur Unmündigkeit und läßt die Bereitschaft zur Selbstverantwortung verkümmern. 2. Der von dem System erzielte Effekt steht in einem ungünstigen Verhältnis zur Höhe des Aufwandes, den es erfordert. 3. Das System begünstigt das Kranksein und schwächt den Willen zum Gesundwerden. Der Krankenstand wird künstlich gezüchtet.

Dabei konnte aber auch deutlich werden, daß die Ziele gesellschaftlichen Handelns sich immer noch nach den Ansprüchen der Individuen richten, wobei vielfach übersehen wird, daß individuelle Ansprüche nur in Gesellschaften garantiert werden können, Societäten allerdings, welche neben dem Begriff des Rechts auch den der Pflicht kennen. Ansprüche lassen sich denn auch gesellschaftlich nur realisieren, wenn durch Übernahme von Pflichten anderer die Realisierung ermöglicht wird. Eine Gesundheitswissenschaft hat es daher nicht nur mit der Analyse der Ursachen von Fehlbildungen zu tun, sondern auch mit den Folgen der gesellschaftlichen Phänomene, die für die Existenz künftiger Generationen entscheidend sind. Insofern basiert die Gesundheitswissenschaft auf einer Theorie des sozialen Handelns.

Bei dem klassisch gewordenen Kodex der Sozialversicherung war damals gedacht an allgemeine Richtlinien für ein Gesetzeswerk, in dem notleidende Arbeiter gegen Krankheit und Unfall, Invalidität und Alter versichert werden sollten. Die „Verbesserung der Lage der Arbeiter" sollte – wie später der Stellvertreter des Reichskanzlers erklärte – unbedingt „im Wege der Gesetzgebung" erfolgen. „Schritt für Schritt zwar nur, aber doch ohne jeden vermeidlichen Aufenthalt", und zwar so, „daß dem ganzen Volke der innere Friede, Freude und Genüge an unseren Staatseinrichtungen gesichert werde". Dieses dreigegliederte System der sozialen Versicherung, es ist in der Tat ein Jahrhundert lang zum Vorbild geworden für die ganze Welt.

Aus den kassenähnlichen Einrichtungen mittelalterlicher Knappschaften hatte sich über die Sozialgesetzgebung ein umfassendes Versorgungssystem entwickelt, das mehr und mehr überging in eine höchst differenzierte Gesamtversorgung. Unter dem Stichwort einer „Sozialreform" hat sich dann seit der Mitte des 20. Jahrhunderts die Sozialordnung endgültig von der vom Fürsorgedenken geprägten Enge ihrer Schutzbereiche gelöst und ist zu einer institutionalisierten Instanz sozialer Sicherung der Gesamtbevölkerung geworden, damit aber auch zum entscheidenden Instrumentarium moderner Sozial- und Gesundheitspolitik.

Kapitel 5

Bilder der Gesundheit im 20. Jahrhundert

Vorbemerkung

Seit der Mitte des 19. Jahrhunderts hatte sich die Medizin immer ausschließlicher als „angewandte Naturwissenschaft" verstanden. Sie bediente sich der zunehmend exakter werdenden Methoden der Physik und Chemie und schuf damit eine mechanistisch unterbaute Physiologie und Pathologie, welche die Voraussetzungen lieferten für die Errungenschaften der modernen Heiltechnik. Dieser Entwicklung haben wir zweifellos die imponierenden Erfolge der operativen Disziplinen wie auch einer effektiven Pharmakotherapie zu verdanken, wobei nicht zu verkennen ist, daß dabei einer szientistischen Einengung Vorschub geleistet wurde und wichtige Kompetenzbereiche des Arztes verlorengingen.

Von der revolutionären Dynamik des damals aufkommenden Einheitsgedankens in den Wissenschaften her gesehen wird man aber auch das verstehen, was Rudolf Virchow „Anthropologie im weitesten Sinne" genannt hat, eine Anthropologie, die in allen Motiven und Tendenzen sowohl von der Entwicklungslehre der Zeit als auch von der Sozialbewegung potenziert worden ist. Virchow sah seine „Medizin im Großen" als die höchste und schönste Wissenschaft an, in der lang verschollene Gedanken aus den Philosophenschulen des Altertums wieder wach geworden seien.

In einer damals vielbeachteten programmatischen Rede auf der Naturforscherversammlung (1886 in Berlin) hatte Werner von Siemens „Das Naturwissenschaftliche Zeitalter" proklamiert, eine Epoche, in der das Leben des Menschen immer genußreicher und anspruchsvoller werde. Den Überschuß an Freizeit, den der Mensch durch die Arbeit der eisernen Arbeiter gewinne, werde er seiner geistigen Ausbildung widmen. Die Naturwissenschaften würden den Menschen moralischen und materiellen Zuständen zuführen, die besser seien, als sie je sein konnten. „Das hereinbrechende naturwissenschaftliche Zeitalter wird ihre Lebensnot, ihr Siechtum mildern, ihren Lebensgenuß erhöhen, sie besser, glücklicher und mit ihrem Geschick zufriedener machen".

In diesem Sinne hatte 1873 bereits Friedrich von Hellwald das publiziert, was er das „Glaubensbekenntnis eines modernen Naturforschers" nannte. Darin heißt es: „Das Reich der Tatsachen hat gesiegt! Die Naturforschung in Verbindung mit ihren Sprößlingen Technik und Medizin schreitet unaufhaltsam vorwärts. Sie hat jetzt schon alle besseren Köpfe in Besitz genommen und hat nur Träumer und Schurken gegen sich. Sie ist in alle Gebiete eingedrungen, sie gestaltet alle anderen Wissenschaften um, sie beherrscht unser ganzes Familien- und Staatsleben". Daraus der Schluß: „Sie herrscht überall!" Die Naturforschung, in Verbindung mit Technik und

Medizin, sie war in der Tat an der Schwelle des 20. Jahrhunderts die alles beherrschende Macht geworden.

1. Eine Epoche der Utopien

Im Jahre 1900 hatte der Naturforscher Ernst Haeckel ein Preisausschreiben bekanntgegeben zum Thema: „Was lernen wir aus den Prinzipien der Deszendenztheorie für die innerpolitische Entwicklung und Gesetzgebung der Staaten?" Unter den 60 Bewerbern erhielt den ersten Preis der bayrische Arzt Wilhelm Schallmayer (1857–1919), einer der profiliertesten Verfechter des damals aufblühenden Sozialdarwinismus. Der Stifter dieses Preisausschreibens, der erst nach seinem Tod genannt werden wollte, war Alfred Friedrich Krupp.

Das Motto des Krupp'schen Preisausschreibens lautete: „Höchstes Gut ist das organische Erbgut", ein „summum bonum" – analog der Gesundheit –, für das allerdings – wie der Preisträger postuliert – auch einige Opfer zu bringen wären. Zu opfern sei in erster Linie das, was man im vorwissenschaftlichen Zeitalter als persönliche Freiheit bezeichnet hatte. Von einer Freiheit des Individuums aber sollte nicht mehr gesprochen werden, wo derart universale Prozesse zur Debatte stehen wie das organische Erbgut. Das soziale Nützlichkeitsprinzip sei eben doch wohl maßgebender als die alte unhaltbare Gerechtigkeitsidee.

In Zukunft sollten daher auch alle geistigen Güter in ihrem biologischen Werdegang erforscht werden, um sie richtig zu verstehen und einzusetzen. Vernunft, Sprache, Religion und Sittlichkeit –, sie alle seien doch nur Ergebnisse einer natürlichen Entwicklung im auslesenden Daseinskampf. Der Darwinismus werde daher unsere gesellschaftlichen Einrichtungen und sittlichen Anschauungen weitgehend umgestalten müssen. Denn die Zukunft eines Volkes hänge nun einmal ab von der Verwaltung seiner organischen Erbgüter, weshalb jede kultivierte Gesellschaft auch eine „rassedienliche Ethik" brauche, die das organische Erbgut den Nachkommen mit Zins und Zinseszinsen hinterläßt.

Je höher freilich die Kultur steige, desto mehr werde die natürliche Lebensauslese beim Menschen beeinträchtigt. Der kultivierte Mensch müsse daher durch eine bewußt gesteuerte Eugenik planmäßig eingreifen. Biologische Schwächlinge seien als ein Effekt der zu einseitig gehandhabten Humanität zu verurteilen. Zuchtwahl sei weitaus besser und billiger als alle Heil- und Pflegeanstalten. Fragen dieser Dimension bedürften selbstverständlich einer wissenschaftlichen Planung wie auch staatlicher Kontrolle, da kaum damit zu rechnen sei, daß das Individuum von sich aus „rassedienlich" denke. Der Einzelne sei ja immer „egoistisch gerichtet" und müsse daher „volkseugenisch gesteuert" werden. Das Individuum muß notwendig verplant werden; man kann nichts mit ihm anfangen, wenn man es nicht manipuliert.

Manipuliert werden aber könne der Mensch auf eine erstaunlich vielfältige Weise, bis hin zur „Züchtung eines Menschenschlages mit glücklichem Temperament". Schallmayer will beobachtet haben, wie ein Melancholiker von jedem Erlebnis schmerzlich berührt wird, während der manisch erregte Mensch seine gehobene Stimmung selbst dann nicht verliert, wenn er Hunger und Durst leidet. Daraus der Schluß: „Die ererbten Anlagen sind der wichtigste Glücksfaktor, und man hat keinen vernünftigen Grund, daran zu zweifeln, daß es an und für sich, wenn nicht soziale

Hindernisse bestünden, und wenn man von der Frage der Anpassung an die Erfordernisse des Daseinskampfes absehen könnte, nicht unmöglich wäre, einen Menschenschlag mit heiterem Temperament zu züchten und ihn mehr und mehr zu verallgemeinern".

Das alles sind freilich nur die Präliminarien zu härteren Maßnahmen, die solchen planmäßigen Eingriffen zu folgen haben. Schallmayer gibt denn auch folgerichtig dem neuen 20. Jahrhundert eine erste, eine weitangelegte Theorie für alle späteren Praktiken der Arbeitslager, der Zwangssterilisierung von Geisteskranken, Trunksüchtigen und Krüppeln, eine Theorie auch der Zwangsevakuierung und Zwangskolonisierung, der Sterilisierung der Herrenschichten fremder Völker unter Aufzucht einer eigenen Herrenschicht aus dem Lebensborn des arteigenen Blutes.

Es werden alsdann weitere konkrete Folgerungen aus der neuen Wertetafel abgeleitet. Von vornherein werden erbbiographische Stammbücher angelegt, mit dem Effekt, einen neuen Geburtsadel „auszuzeugen". „Nach und nach würde die ganze Nation nur aus wohlgeratenen Personen bestehen". Schon allein zu diesem Zweck müsse „die ganze Ärzteschaft in einen Stand ärztlicher Staatsbeamter umgewandelt" werden. Eigene Lehrstühle für Soziologie und Staatskunst würden „die generative Ethik der Zukunft" überwachen.

Soweit der Arzt Wilhelm Schallmayer, einer der bekanntesten Vertreter des Sozialdarwinismus um die Jahrhundertwende.

Angesichts der mit dem neuen Jahrhundert ausufernden hygienischen Utopien sollte ich aber auch noch einige ältere, härter gesottene Vertreter heranzitieren dürfen. Im Jahre 1895 war „Ein Buch Entwicklungsethik" erschienen mit dem vielversprechenden Titel: „Von Darwin bis Nietzsche". Verfasser war Alexander Tille, Geschäftsführer des Zentralverbandes der deutschen Industriellen in Berlin. Für Tille lag das eigentliche biologische Material, der Mensch, noch völlig brach; und doch könnte gerade hier manches um so vieles besser „verwertet" werden. Als „wertvoll" aber könnten nur solche Menschen gelten, die mit dem Recht des Stärkeren den Schwächeren vernichten und solchermaßen produktiv werden. Gegenüber dem Recht des Stärkeren aber sei jedes historische Recht hinfällig.

Im Namen der Wissenschaft und unter dem Druck sozialer Zwänge wird alsdann eine Bevölkerungspolitik propagiert, wie sie rigoroser nicht gedacht werden kann. Zuchtwahl der Besten bleibt bei Tille verbunden mit der „erbarmungslosen Ausscheidung der Schlechtesten". Daher die Parolen: Hartwerden gegen die „Unterdurchschnittsmenschen"! Die „Vielzuvielen" opfern! Eine eiserne Sozialaristokratie schaffen und auf Dauer erhalten und erhöhen! Selbst die alten Landesgrenzen wollte Tille ersetzt wissen durch „Volksgrenzen". Die ehemaligen Bewohner werden ausgeräumt, ausgesiedelt, dezimiert, selektiert – und dies alles unter dem harten Gesetz einer „Religion der Natur", jener „Religion der Zukunft", von der das ganze 19. Jahrhundert geschwätzt und geschwärmt hat!

Diese Art von Naturforschung als die Erkenntnis des Wahren, diese Ethik als Erziehung zum Guten, diese Ästhetik als Pflege des Schönen, das sind – wie Ernst Haeckel 1892 schrieb – „die drei hehren Gottheiten, vor denen wir anbetend unser Knie beugen. In ihrer naturgemäßen Vereinigung und gegenseitigen Ergänzung gewinnen wir den reinen Gottesbegriff. Diesem ‚dreieinigen Gottesideale', dieser naturwahren Trinität des Monismus, wird das herannahende 20. Jahrhundert seine Altäre bauen!"

Einen Höhepunkt dieser Bewegung haben wir im „Deutschen Monistenbund" zu sehen, der 1906 in Jena begründet wurde und dessen Ehrenvorsitzender Ernst Haeckel wurde. In seinen „Weltkriegsgedanken über Leben und Tod" (1915) hatte Haeckel es als „geradezu widersinnig" empfunden, „daß der Arzt verpflichtet sei, um jeden Preis das Leben des Kranken zu erhalten". Deren „schmerzensreiche Existenz" sei nutzlos geworden und den Angehörigen nur ein Last; eine „kleine Dosis Morphin oder Cyankalium" würde „nicht nur diese bedauernswerten Geschöpfe selbst, sondern auch ihre Angehörigen von der Last eines langjährigen, wertlosen und qualvollen Daseins befreien".

„Die Erlösung der Menschheit vom Elend" hatte Ernst Mann 1922 sein Buch betitelt und gefordert: „Gesundung der gesunden Bevölkerung bleibt erste Pflicht der Ärzte, aus ihr geht die Forderung der Vernichtung der Unheilbaren hervor". Der Arzt als wirtschaftlich und gesellschaftlich hochgestellter Staatsbeamter sei das Ziel der Zukunft mit folgender Amtsführung: „Aus den bewährtesten Bezirksärzten und ihren Helfern gehen die ‚Selektionsärzte' hervor. Sie bilden Kommissionen, die aus einer Anzahl innerer Ärzte und Spezialärzten jeden Faches zusammengestellt sind. Von den Selektionskommissionen wird in bestimmten Zeitabschnitten die gesamte Bevölkerung zu Kontrollversammlungen zusammengerufen. Dort wird der Gesundheitszustand des ganzen Volkes geprüft und die mit unheilbaren Krankheiten Behafteten ausgeschieden".

In ihrer Schrift „Die Freigabe der Vernichtung lebensunwerten Lebens" hatten der Jurist Karl Binding und der Psychiater Alfred Hoche im Jahre 1920 dezidiert die Vernichtung von Menschenleben gefordert, die „so stark die Eigenschaft des Rechtsgutes eingebüßt haben, daß ihre Fortdauer für die Lebensträger wie für die Gesellschaft dauernd allen Wert verloren hat". Während Alfred Hoche noch 1917 jede Art von Sterbehilfe abgelehnt hatte, zeigte er sich unter dem Eindruck des Krieges und der Niederlage aufs tiefste erschüttert „von diesem grellen Mißklang zwischen der Opferung des teuersten Gutes der Menschheit im größten Maßstabe auf der einen und der größten Pflege nicht nur absolut wertloser, sondern negativ zu wertender Existenzen auf der anderen Seite".

Mit Binding kam Hoche zu der Schlußfolgerung: „Eine neue Zeit wird kommen, die von dem Standpunkt einer höheren Sittlichkeit aus aufhören wird, die Forderungen eines überspannten Humanitätsbegriffes und einer Überschätzung des Wertes der Existenz schlechthin mit schweren Opfern dauernd in die Tat umzusetzen". Unheilbare müßten daher vom Standpunkt einer „höheren staatlichen Sittlichkeit" einfach geopfert werden.

Und noch eine Stimme – um die Jahrhundertwende – sollte Gehör finden, im Wortlaut: „Eines Tages werden wir erkennen, daß die oberste Pflicht, die unvermeidliche Pflicht guter Bürger darin besteht, ihr Blut der Nachwelt zu hinterlassen, und daß es uns nicht darum gehen kann, die Fortpflanzung von Bürgern des falschen Typs zu erlauben. Das große Problem der Zivilisation besteht darin, einen relativen Zuwachs der wertvollen und nicht der weniger wertvollen oder gar schädlichen Elemente in der Bevölkerung sicherzustellen ... Dieses Problem können wir nur bewältigen, wenn wir dem immensen Einfluß der Erbanlagen Rechnung tragen ... Kriminelle sollten sterilisiert werden und Minderbegabten sollte verboten werden, Nachkommen zu hinterlassen".

Der Text (zitiert nach FAZ vom 18. 11. 2000) findet sich nicht in Hitlers „Mein Kampf", sondern stammt aus der Feder des amerikanischen Präsidenten Theodore Roosevelt, der von 1901 bis 1909 regiert hat!

2. Stationen des Umbruchs

Im Hintergrund all der Utopien von der Verbesserung des Menschengeschlechts steht immer noch das Idol von einem idealen Menschen, der seit jeher die Geister beflügelt hat. Der Traum vom optimalen Menschen ist freilich so alt wie die Menschheit und hat immer wieder seine Blüten gezeigt.

Nach Ansicht der „Lauteren Brüder" zu Basra im islamischen 10. Jahrhundert sollte ein idealer Mensch folgendes enthalten: Er mußte ostpersischer Abstammung sein, arabisch im Glauben, und zwar Anhänger der hanafitischen Rechtsschule, von irakischer Bildung, erfahren wie ein Hebräer, vor allem im Handel, aber auch ein Jünger Jesu in seinem Wandel, fromm wie ein syrischer Mönch, ein Grieche in den exakten Wissenschaften, ein Inder in der Deutung der Geheimnisse der Natur und in seinem geistigen Habitus ein islamischer Sufi!

In seinem Nachlaß hat Friedrich Nietzsche freilich auch den bestürzenden Gedanken niedergelegt, daß der „wirkliche Mensch" einen viel höheren Wert darstelle „als der wünschbare Mensch irgend eines bisherigen Ideals". Sicherlich wird es eine Utopie bleiben, auf einen neuen und besseren Menschen zu hoffen, sei dieser gezüchtet oder erzogen, sei er politisch oder genetisch manipuliert. Die genetische Struktur des Menschen jedenfalls scheint unermeßlich alt, und sie reicht weit zurück in das Paläolithikum. Dies gilt auch für die „Gesundheit", die des Menschen höchstes Gut sein soll.

Wir sollten gerade in einer Phase des Umbruchs und des Überganges aber auch daran erinnern dürfen, daß die Medizin über die Jahrtausende hinweg zunächst eine Lehre von der Gesundheit war, ehe sie – in den letzten hundert Jahren erst – ein reines System der Krankenversorgung wurde. Als die Lehre von der Gesundheit, ihrer Erhaltung und Wiederherstellung, hat die alte Heilkunde erstaunliche Konzepte einer Lebensstilisierung und Alltagskultur entwickelt, die auch heute noch als Modell dienen könnten für eine „Wissenschaft" von der Gesundheit.

Wir sind uns dabei durchaus bewußt, daß wir bis zum Tage nicht einmal eine verbindliche Definition für „Gesundheit" haben. Und es ist sicherlich kein Zufall, daß die naturwissenschaftlichen Kriterien gerade am Normbegriff versagt haben, daß die Mediziner in der Folge so eindeutig ins Abseits gedrängt wurden, um all diese so wichtigen Lebensfragen und bedeutenden Kulturfelder den Lebensreformern und Gesundheitsaposteln zu überlassen. Und so geistert „der gesunde Mensch" nicht nur durch die Strömungen des Sozialdarwinismus, sondern auch durch die Bewegungen der Naturkundler und Lebensreformer, bis hinein in die bunten Gefilde des Wandervogels oder in die um die Jahrhundertwende allenthalben aufblühenden Schrebergärten.

Angesichts der utopischen Vorstellungen von einer letztlich doch illusorischen Gesundheit sollte ich einmal – in einer Art Zwischenspiel – nicht nur die Naturforscher zu Wort kommen lassen, sondern auch einmal einen der großen Literaten des ausgehenden 19. Jahrhunderts.

Literarisches Zwischenspiel

„Ach, nicht mehr krank sein, nicht mehr leiden, so wenig wie möglich sterben!" So läßt im Jahre 1893 Emile Zola seinen Doktor Pascal sprechen, und dann sogleich weiter: „Sein Traum lief auf den Gedanken hinaus, daß man das universelle Glück, das künftige Reich der Vollkommenheit und der Glückseligkeit beschleunigt herbeiführen könnte, wenn man nur helfend eingriffe und allen Gesundheit verleihe (la santé à tous)".Pascal glaubte immerhin, das Allheilmittel entdeckt zu haben, das „Lebenselixier" (la liqueur de vie), einen „wissenschaftlichen Jungbrunnen", der Kraft, Gesundheit und Willen verlieh und dadurch eine ganz neue, höher stehende Menschheit schaffen würde (une humanité toute neuve et supérieure).

Zugleich aber befallen den Dr. Pascal auch wieder erhebliche Zweifel, wenn er folgert: „Heilen, heißt das nicht geradezu das zunichte machen, was die Natur von sich aus im Sinn hat?" Und weiter die Frage: „Was geht uns das an, was mischen wir uns ein in diese mühevolle Arbeit des Lebens, dessen Mittel und Zweck wir nicht kennen? Vielleicht ist alles gut. Vielleicht laufen wir Gefahr, die Liebe zu töten, das Genie, das Leben selber". Pascal erzittert bei dem Gedanken an diese „Alchimie des zwanzigsten Jahrhunderts", und er will glauben, „daß es erhabener und gesünder ist, der Entwicklung ihren freien Lauf zu lassen".

Träumen nicht wir auch heute noch den Traum vom allbeglückenden Genom und verfallen dabei nur einem grassierenden Größenwahn? Der Doktor Pascal jedenfalls war letztlich zu der Überzeugung gekommen, daß seine schwärmerische Neigung, das Leiden abzuschaffen, um „eine neue, gesunde, höher stehende Menschheit zu schaffen", nichts anderes sei als der beginnende Größenwahn (la folie des grandeurs).

Wie verräterisch taucht auch hier wieder ein Begriff wie „Fortschritts-Glaube" auf. In der Tat sind alle Neuerungen des Denkens und Forschens erst auf dem Bodensatz dieses Glaubens begreifbar. Hier geht es letztlich um die säkulare Herausforderung im Streit um Wissen und Glauben, die der lateinischen Hochscholastik ihr Gepräge gab, mehr noch: um die Ablösung von Glauben durch die Wissenschaft.

Ausblick auf das 20. Jahrhundert

Wir erleben die Medizin seit der Mitte des 20. Jahrhunderts in einem dramatischen Übergang von der rein naturwissenschaftlich informierten Heiltechnik auf eine eher ökologisch orientierte Heilkunde. „Übergang" aber setzt immer ein „Von her" wie ein „Auf zu" voraus. Es treten dabei die beiden Seiten der Medizin – die Krankenversorgung und die Gesundheitssicherung – stärker in unser Gesichtsfeld. Es ist das traditionelle kurative System in seiner ganzen Breite und Dichte, das wir auf keinen Fall vermissen möchten. Daneben und darüber hinaus setzt die Medizin ihre Aktivitäten aber auch mehr und mehr auf die flankierenden Flächen der Intensivmedizin, auf die Vorsorge und Nachsorge, auf Rehabilitation und auf Prävention.

Es waren vor allem rein sachliche Entscheidungen, die seit der Mitte des Jahrhunderts zu neuartigen Prioritäten zwangen. Es war neben der dramatischen Veränderung der Altersstruktur der augenscheinlich vor sich gehende Panoramawandel von den akuten Krankheiten, die wir weitgehend beherrschen, zu den chroni-

schen Leiden, die eher uns beherrschen. Es war weiterhin die offensichtliche Ausweitung und Aufweichung des Krankheitsbegriffs mit all seinen persönlichen und
sozialen Auswirkungen. Es war nicht zuletzt die Einbettung des Krankengutes in die
Sozialdienste, eine zunehmende Vernetzung in die Versicherungssysteme, deren
Konsequenzen noch nicht abzusehen sind.

Die Zukunft des Gesundheitswesens wird – so hat es den Anschein – mehr und
mehr von Sachzwängen bestimmt, die dann auch die Regularien abgeben für eine
aktivere Gesundheitspolitik. Der Spielraum freier Entscheidungen wird dabei vermutlich kleiner werden. Sachliche Argumente werden dominieren; die Experten
werden die Richtlinien setzen. Immer schmaler wird auch unser Kapital an Zeit, jener Zeit-Raum, in den hinein wir, Stufe um Stufe, Phase um Phase planen müssen.
Angesichts der immer schmaler werdenden Ressourcen müßten Prioritäten möglichst rasch und eindeutig gesetzt werden.

Im Rückblick konnten wir aber auch beobachten, wie seit Beginn des 19. Jahrhunderts bereits die traditionellen Formen der Armenfürsorge weitgehend abgelöst
wurden von einem System umfassender sozialer Sicherung, die Armut, Krankheit,
Alter und Arbeitsunfähigkeit abdecken konnten. In einer Phase der zunehmenden
Industrialisierung spielte dann die „Urbanisierung" eine dominierende Rolle, die
Verstädterung der europäischen Gesellschaft. Die Städte waren es augenscheinlich,
die als Vorreiter anzusehen sind auf dem Weg zu modernen Gesundheitsverhältnis-
sen, die sich äußerten in zentraler Wasserversorgung und Kanalisationsanlagen, in
Müllabfuhr und Lebensmittelaufsicht wie auch in verbesserter Wohnqualität.

Der Begriff Gesundheit gewann in der industrialisierten Gesellschaft zunehmend
an gestaltender Kraft. Gesundheit wurde zum Maßstab einer allgemein verbindlichen Lebensstilisierung. Gesundheit sollte das Rückgrat vor allem der kommunalen
Sozialpolitik bilden. Der Begriff „Gesundheit" erlaubte, die elementaren Lebensrisi-
ken – Krankheit, Invalidität, Alter – politisch zu steuern. Das „System Gesundheits-
versorgung" erwies sich dabei als ein ebenso komplexes wie sensibles System. Und
so konnte es nicht ausbleiben, daß in den 20er Jahren des 20. Jahrhunderts allenthalben von einer „Krise in der Medizin" die Rede war, auch wenn diese eher rheto-
risch zum Ausdruck kam. Immerhin konnte der Chirurg Ferdinand Sauerbruch damals (1926) dafür plädieren, „daß die ärztliche Wissenschaft kulturgebunden" bleiben müsse, und er forderte eine „Geschichte der Medizin", die „in Verbindung mit
der lebenden Heilkunst" forschen und lehren sollte.

Es sind im Grunde immer noch die beiden säkularen Wendungen der beiden
letzten Jahrhunderte, die das Schicksal auch der kommenden Medizin bestimmen
dürften. Es ist die radikale Wende von einer rein empirischen Heilkunst zu einer naturwissenschaftlich informierten Medizin auf der einen Seite und die nicht minder
entschiedene Kehre von einer ausschließlichen Heiltechnik auf eine anthropologisch orientierte Heilkunde.

Zum ersteren Weg und Zug hat uns der Arzt und Dichter Gottfried Benn sein ei-
genes Erleben zu bedenken gegeben, wenn er – Ende der 20er Jahre – schreibt:
„Rückblickend scheint mir meine Existenz ohne diese Wendung zur Medizin und
Biologie völlig undenkbar. Es sammelte sich noch einmal in diesen Jahren die ganze
Summe der induktiven Epoche, ihre Methoden, Gesinnungen, ihr Jargon, alles stand
in vollster Blüte, es waren die Jahre ihres höchsten Triumphes, ihrer folgenreichsten

Resultate, ihrer wahrhaft olympischen Größe. Und eines lehrte sie die Jugend, da sie noch ganz unbestritten herrschte: Kälte des Denkens, Nüchternheit, letzte Schärfe des Begriffs, Bereithalten von Belegen für jedes Urteil, unerbittliche Kritik, Selbstkritik, mit einem Worte die schöpferische Seite des Objektiven. Die kommenden Jahrzehnte konnte man ohne sie nicht verstehen; wer nicht durch die naturwissenschaftliche Epoche hindurchgegangen war, konnte nie zu einem bedeutenden Urteil gelangen, könnte gar nicht mitreifen mit dem Jahrhundert –: Härte des Gedankens, Verantwortung im Urteil, Sicherheit im Unterscheiden von Zufälligem und Gesetzlichem, vor allem aber die tiefe Skepsis, die Stil schafft, das wuchs hier".

Alles das ist in einem jedem von uns auf seinem Wege zu den Naturwissenschaften gewachsen; eine ganze Welt an Komplexität ist damit hineingerissen worden in jenen Bereich, der bald schon antagonistisch von einer „Medizin in Bewegung" gebildet werden sollte.

Es konnte auf die Dauer nicht ausbleiben, daß die Spannungen zwischen Naturwissenschaft und Arzttum, zwischen der „Wissenschaft der Medizin" und der „Kunst der Medizin", immer bewußter wurden und abermals einen Umschlag bewirkt haben, der von der Medizin der Befunde auf eine Medizin der Befindlichkeiten, von der Wissenschaft von den Krankheiten zum Wissen um den Kranken führen mußte. Ausdruck für diese jüngste, noch anhaltende Entwicklung war die „Einführung des Subjekts in die Medizin", wie sie am energischsten – mit der Parole Viktor von Weizsäckers – von der Anthropologischen Medizin vorgetragen wurde.

Mit der Befindlichkeit rückten aber auch die Rolle der Leiblichkeit und des Leibes Gebrechlichkeit mehr und mehr in das Zentrum des medizinischen Denkens und damit auch die Rolle der Person des Patienten. Auch hier war es wiederum der Gesundheitsbegriff, der zwischen der Natürlichkeit und der Gesellschaftlichkeit des Menschen zu vermitteln vermochte. Mit der Blickrichtung auf das Subjekt war die klassische ätiologische und pathogenetische Denkweise um eine neue Dimension erweitert worden, wobei zunächst die psychologischen und soziologischen Aspekte dominierten, um bald schon ausgeweitet und bereichert zu werden zu einer allgemeinen anthropologisch orientierten Perspektive, zu einer wahren „Medizin in Bewegung".

3. Gesundheitsbilder einer „Medizin in Bewegung"

Den Anspruch an eine wissenschaftlich begründete „Heilkunde als Gesundheitslehre" machte seit der Mitte des 20. Jahrhunderts in erster Linie die anthropologisch orientierte „Medizin in Bewegung", wie sie von Ludolf von Krehl, Richard Siebeck und Viktor von Weizsäcker ins Leben gerufen und als „Heidelberger Schule" weltweit bekannt wurde. In ihrem Mittelpunkt aber sollte „der Mensch als Person" stehen.

Dieser „Medizin der Person" konnte es nicht um die Behandlung seelischer Störungen allein gehen. Das haben die Schamanen archaischer Hochkulturen ebenso gekonnt wie unsere psychotechnokratischen Medizinmänner. Es handele sich vielmehr – so Weizsäcker – „um die Frage, ob jede Krankheit, die der Haut, der Lunge, des Herzens, der Leber, der Niere auch von seelischer Natur" sei. Mit dieser Frage erst kam Spannung auf, Polemik auch gegen ein ganzes Säkulum einseitiger Theorie und Praxis, Auseinandersetzung nicht zuletzt um Kompetenzen und Konsequenzen.

Die „eigentliche Krankengeschichte" aber, sie sei immer auch „ein Stück einer Lebensgeschichte", sagt Viktor von Weizsäcker (VI, 61)*; sie ist Biographie und ist Pathographie. Krankheit – besser noch: Krank-geworden-sein – erscheint dabei „als Übergang, Gelenk oder Nahtstelle zweier Lebensabschnitte, als Krise" (VI, 413). Die kritische Analyse der persönlichen Lebensgeschichte des kranken Menschen zeigt uns aber auch an, daß es bei der Erkrankung nicht um Psychisches oder Somatisches geht, sondern „um den Leib selbst". Zu behandeln sei daher nicht der versehrte Körper oder die gekränkte Seele, sondern der ganze Mensch in seiner vollen Leiblichkeit. An die Stelle des „psycho-physischen Apparates" der Naturwissenschaften ist die „leibhaftige Ordnungsstruktur" getreten. Durch die Ordnung des Leibes hindurch erfährt der Mensch seine Umwelt und seine Mitwelt und damit auch seine eigenen Erlebniswelten und – alles in allem – seine Gesundheit.

Der gesunde und kranke Mensch, und nicht die Krankheit allein, sollte fortan Forschungsprojekt und Wertungsobjekt der Medizin sein. Das aber – so Krehl (1928) –, das sei nichts Geringeres als „die Wiedereinsetzung der Geisteswissenschaften und der Beziehungen des ganzen Lebens als andere und mit der Naturwissenschaft gleichberechtigte Grundlage der Medizin".

Worum es dieser psychosomatisch orientierten Medizin ging, das war nicht „eine Abgrenzung der gegenwärtig herrschenden Naturbetrachtung", sondern – so Krehl – ihre „notwendige Ergänzung und Umfassung". So notwendig auch alle diagnostischen Maßnahmen und alle operativen Eingriffe seien, man dürfe nie vergessen, daß ein Mensch als Ganzes – mit Leib und Seele und Geist – vor einem stehe. Immer klarer wurde dabei die Einsicht, daß und warum sich Medizin und Naturwissenschaft nicht decken könnten, obschon sie fraglos ein Stück Weges zusammen gehen. Insofern die Erforschung des Organismus die Methoden der Physik und Chemie brauche, könne man sie durchaus als eine „angewandte Naturwissenschaft" bezeichnen. Sie ist aber – sagt Ludolf von Krehl – noch etwas mehr!

Dieses „Mehr" ist es denn auch, das nun von Krehl wie auch Weizsäcker immer schärfer herausgearbeitet wird. Nicht einmal von einem „Verhältnis" zwischen Psyche und Soma kann hier die Rede sein, wie es die „Psycho-somatik" beschreibt, die immerhin zu verhindern sucht, daß man „rein psychische" oder „rein somatische" Störungen behandelt, was offensichtlich absurd ist. Der Gegenbegriff zu „physis" war bei den alten Griechen denn auch nicht „psyche", sondern „nomos", was für die Struktur der Wirklichkeit nicht ohne Belang ist.

Die neue, die personale Form einer Solidarität zwischen Arzt und Patient hatte der Philosoph Max Scheler „Sympathie" genannt. Der Theologe Paul Tillich sprach von „Teilhabe". Der Arzt Viktor von Weizsäcker suchte den „Umgang" zwischen Arzt und Krankem. Der Religionsphilosoph Martin Buber nannte es „Begegnung", und er sprach sehr früh schon von einer „Sphäre des Zwischen". Der Schweizer Psychiater Ludwig Binswanger hat das „Mitsein mit anderen" betont und von einem „Mit-einander-sein" gesprochen. Dieses Sein sei wahrhaftig ein „In-der-Welt Sein"; sei es doch die Welt, die ich mit anderen teile. Jeder Kranke sei – so Binswanger (1942) – als ein mit dem Dasein ringender Mitmensch ein gleichberechtigter „Daseinspartner". Das dialogische Denken Martin Bubers sollte hier zum „dialogischen Handeln"

---

* Zitiert wird mit lateinischer Bandzahl und arabischer Seitenangabe nach: Viktor von Weizsäcker: Gesammelte Schriften. Hrsg. Peter Achilles u. a. Bde. I–X. Frankfurt am Main 1986–1990.

führen. So war denn auch für Buber die fundamentale Tatsache der leibhaftigen Existenz nichts anderes als „der Mensch mit dem Menschen". Martin Buber hatte diese „Sphäre des Zwischen" aufgefaßt als eine „Urkategorie" der menschlichen Wirklichkeit. Im „Ich und Du" erst würden wir die dialogische Struktur unserer leibhaftigen Existenz erfahren.

Der Geist des Menschen lebt ja – wie uns Martin Buber klarzumachen versucht hat – nicht im Ich, sondern zwischen Ich und Du. „Er ist nicht wie das Blut, das in uns kreist, sondern wie die Luft, die du atmest". Im Geiste lebt wirklich nur der, der seinem Du zu antworten vermag. In seinem weit verzweigten Lebenswerk hat Buber immer wieder darauf hingewiesen, daß das Wesen der Humanität nur im „Zusammensein des Menschen mit dem anderen Menschen" zu sehen sei. Richtig sichtbar wird dem Menschen erst der Mensch als der Andere, der einen etwas angeht, der auf einen hört, mit dem man redet und sich versteht.

Sein ganzes Leben lang hat auch Weizsäcker im gleichen Verständnis nach „Sinn und Geist" seiner anthropologisch orientierten Medizin gesucht, die er denn auch genannt hat – eine „vom Menschen zum Menschen gerichtete Medizin" (IV, 339). Als Wesen der Therapie stand ihm dann auch mehr und mehr vor Augen: „die Ermöglichung der Bestimmung des Menschen unter Menschen" (VII, 215).

Für den wahren Arzt dürfe es menschliche Existenz nur in der Verbundenheit der Gemeinschaft und in der historischen Zeit geben, einem Zeitraum, in den wir hineingeboren wurden, der uns bildet und dessen Lasten wir mitzutragen haben. So der Heidelberger Kliniker Richard Siebeck in seiner „Medizin in Bewegung" (1947). Der Mensch stehe eben nirgendwo allein im Leben. Mit tausend Bindungen seien wir „eingegliedert in die Folge der Geschlechter und in die Gemeinschaft unseres Volkes".

Aus solchem Gedankengut konnte in der „Personalen Medizin" jenes Prinzip Verantwortung erwachsen, das die Dimension des Anderen respektiert und damit auch die konkrete Lebenswelt des Patienten in seinen leibhaftigen Bedürfnissen. Gesundheit und Krankheit waren zu einer „Schnittstelle" geworden, an der sich Psychisches, Somatisches und Soziales mit Ethischem treffen, wobei sie natürliche Konfliktflächen bilden, die wiederum leiblicher Leistungen wie auch ethischer Richtlinien bedürfen, um sinnvoll zu werden.

Vor dem Hintergrund und mit der Sprache dieser Philosophischen Anthropologie erst werden wir die Grundlagen und Zielsetzungen einer Anthropologischen Medizin verstehen, die bei Viktor von Weizsäcker nach und nach zu einer Medizinischen Anthropologie werden sollte. Für Weizsäcker lautete die Grundfrage nicht, „ob Naturwissenschaft in der Medizin notwendig ist, sondern was sie dafür bedeutet". Worum es ihm ging, war eine neue Rangordnung der Heilkunde, in der neben dem Arzt auch der Kranke eine Rolle zu spielen hatte und damit neben dem Wissenschaftlichen auch das Persönliche. Gesundheit und Krankheit könne man daher auch nicht „aus sich selbst" verstehen, sondern nur „von einer Erfahrung des Lebens aus". Beide Lebensbereiche seien weitaus mehr als physiologische Erregung oder chemische Reaktion. „Gesundheit hat mit Liebe, Werk, Gemeinschaft und Freundschaft die Bejahung gemeinsam, die eindeutige Richtung, die nicht umgekehrt werden kann".

Am Gesundheitsbegriff dieser „Medizin in Bewegung" ließe sich exemplarisch aufweisen, daß „Gesundheit" nicht nur in die „Gesellschaft" eingebunden ist, sondern auch abhängig bleibt von den sozio-kulturellen Prozessen innerhalb der Medizin. Aus dieser Einsicht heraus konnte Viktor von Weizsäcker denn auch sehr selbstsicher die Feststellung treffen: „Wenn sich Geist und Methode der Medizin ändern und Fortschritte tun, dann ändert und entwickelt sich auch der Gesundheitsbegriff" (VI, 448). Gehe es hier doch offensichtlich um ein wesentlich sozial bedingtes „Ordnungsgefüge" innerhalb der „Lebensgeschichte" eines Menschen!

Damit ist aber auch schon deutlich geworden, wie groß der Abstand zum Menschenbild der Naturwissenschaft geworden ist. „Die Naturwissenschaft kennt ja auch keinen Unterschied in den Werten. Gesundheit und Krankheit sind für sie, strenggenommen, kein Wertunterschied, und sie besitzt daher gar keinen Begriff der Krankheit, so wenig wie der Gesundheit" (VII, 163). Bewußt verzichtet wird deshalb auch auf jedes Idealbild von Gesundheit und Gesundsein. „Ganz gesund oder ganz krank ist also niemand, wenn wir diese Schwebeexistenz einmal erkannt haben" (V, 233). Die Zwischenfelder der „neutralitas" sind es, welche das Fluidum unserer Existenz bilden. „Ein Mensch, der nie gesund würde, wäre keiner, aber auch nicht der, welcher nie krank würde" (VII, 81).

In dieser „Medizin in Bewegung" sollten augenscheinlich wieder Werte ins Spiel kommen, die – wie Gesundheit oder auch Leben – mit einer Bestimmung des Menschen zu tun haben und mit seinem Lebenssinn. Viktor von Weizsäcker war der festen Überzeugung, daß man Gesundheit wie auch Krankheit „nicht aus sich selbst" verstehen könne, sondern nur „von einer Erfahrung des Lebens aus" (V, 62).

Um noch einmal auf die Heilkunde als eine vielleicht mögliche Gesundheitslehre zurückzukommen: In seiner Gedächtnisrede auf Krehl (1937) stellte sich Weizsäcker die wohl entscheidende Frage: „Geht uns Ärzte nur die Voraussetzung des Lebens oder auch seine Bestimmung etwas an?" Im ersteren Falle habe der Arzt lediglich die Aufgabe, die Gesundheit herzustellen, „so daß nun der gesunde Mensch mit seiner Gesundheit anfangen kann, was er will". Gesundheit wäre hier Verfügbarkeit für beliebige Zwecke. Im zweiten Fall wäre unter Gesundheit ein Ziel zu verstehen, „welches den Menschen selbst betrifft, nämlich das, was er als Mensch zu werden hat". Nicht Reparatur (restitutio ad integrum) wäre hier das Therapieziel, sondern die Resozialisierung des ganzen Menschen (restitutio ad integritatem).

Das moderne Sozialsystem hingegen „macht einen scharfen Unterschied zwischen Gesundheit und Krankheit und setzt dann Gesundheit gleich Erwerbsfähigkeit, Krankheit gleich Erwerbsunfähigkeit" (V, 318). An dieser Stelle kommt Weizsäcker auf den springenden Punkt einer im soziokulturellen Kontext verankerten Medizin zu sprechen, wenn er sagt: „Die Behauptung, Zweck der ärztlichen Handlung sei, die Arbeits- und Genußfähigkeit des Kranken herzustellen – diese Behauptung ist nicht eine Wesensbestimmung der Heilhandlung, sondern die Beschreibung eines gesellschaftlichen Zustandes und seiner Ideale" (V, 187).

Viktor von Weizsäcker hält es für eine höchst „verhängnisvolle Meinung: Gesundheit und Leben bestünden in der indifferenten Verfügbarkeit für irgendeine woanders her zu nehmende Verwendung" (VI, 153). Gesundheit sei eben „nicht Verfügbarkeit für Beliebiges, sondern Gesundheit ist selbst eine Art der Menschlichkeit" (VII, 122).

Angeregt durch den persönlichen Umgang mit Max Weber und Alfred Weber setzte sich Weizsäcker besonders kritisch auseinander mit den Folgen der Bismarckschen Gesetzgebung, deren Prinzip ursprünglich das der Solidarität war, deren Auswüchse indes zu einem uferlosen Anspruchsdenken der Versicherten führten, während dem Arzt das alleinige Urteil über Arbeitsfähigkeit oder Arbeitsunfähigkeit zugespielt wurde. Das Gesetz der Sozialpolitik habe die Macht in die Hand des Arztes gegeben; ob die Medizin ihm aber auch die Erkenntnis zur Ausübung dieser Macht gegeben habe, bezweifelt Weizsäcker mit guten Gründen.

Wir sollten uns daher ernsthaft überlegen, „ob die Medizin auf Gedeih und Verderb an diesen tragischen Zusammenhang ausgeliefert" sei – „daß die Gesundheit etwas beliebig Verfügbares sei" – oder ob die Medizin nicht uns eine „eigene, andere Zielsetzung" geben könne. „Sie kann es, wenn sie unter Heilung nicht Fabrikation beliebig verwertbarer Gesundheiten versteht" (VII, 289). Damit aber müsse die Heilkunst schon etwas mehr sein als Reparaturkunde. Daher noch einmal: „Das Wesen der Therapie ist nicht Herstellung der Gesundheit gleich Verwertbarkeit für beliebige Zwecke, sondern das Wesen der Therapie ist Ermöglichung der Bestimmung des Menschen unter Menschen" (VI, 216).

Was der modernen Medizin dabei am meisten fehle, das sei ein „positiver Begriff der Gesundheit". Der aber würde ganz schlicht lauten: „Gesundheit hat mit Liebe, Gemeinschaft und Freundschaft die Bejahung gemeinsam, die eindeutige Richtung, die nicht umgekehrt werden kann" (V, 62). Gesundheit, das ist nach Weizsäcker „ein Ziel, welches den Menschen selbst betrifft, nämlich das, was er als Mensch zu werden hat. Die neue Medizin müsse einfach die Ausrichtung finden „auf Herstellung und Erhaltung der Gesundheit, und das ist: der naturgeborenen Möglichkeit, menschliche Bestimmung zu erfüllen". Der Arzt sollte sie daher stets vor Augen haben, die „Richtung auf jene Mittellage des Daseins, die wir Gesundheit nennen" (V, 338).

Was aus diesen ärztlichen Erfahrungen resultiert, ist ein überraschend dynamischer Gesundheitsbegriff. Wir sollten uns daher die Meinung zu eigen machen: „gesund sein heißt nicht: normal sein, sondern es heiße: sich in der Zeit verändern, wachsen, reifen, sterben können" (V, 294). Alle Bemühungen um einen verbindlichen Gesundheitsbegriff zielten denn auch letztlich dahin, „daß die Aufgabe der Medizin und des Arztes neu erfaßt werden müsse" als: „human reformiert, sozial orientiert, philosophisch restauriert oder endlich religiös geläutert" (IX, 281).

Der Gedanke einer anthropologisch fundierten und ökologisch orientierten Heilkunde – und damit auch die Idee einer bewußten Lebensführung – tritt mehr und mehr in den Vordergrund dieser sich so ausgesprochen präventiv verstehenden Medizin in Bewegung. Sie stellt damit den Menschen als Ganzes wieder in eine die volle Existenz erfassende Lebenswelt, den gesunden Menschen eben im Alltag seiner Umwelt und Mitwelt. „Gesundheit" sollte in dieser „Medizin in Bewegung" am ehesten noch dazu führen, sich im eigenen Leibe wohl zu fühlen, um in gebildeter Gemeinschaft sein eigenes Leben sinnvoll zu gestalten.

4. Die Regelkreise gesunder Lebensführung

Im Jahre 1980 war an der Stuttgarter Ärztekammer eine „Gesellschaft für Gesundheitsbildung" ins Leben gerufen worden, die bald schon im „Haus des Kurgastes" zu Bad Mergentheim ein „Institut für Gesundheitsbildung" gegründet hatte, das sich im Laufe der Jahre als „Mergentheimer Modell" einen Namen machte. „Gesundheit"

– so glaubten die Gründer dieser Gesellschaft damals zu sehen – sei zu einer der großen gesellschaftspolitischen Herausforderungen des ausgehenden 20. Jahrhunderts geworden. Gesundheitsbildung, Gesundheitsplanung und-Gesundheitspolitik würden vermutlich zu den tragenden Themen des dritten Jahrtausends gehören.

Das „Mergentheimer Modell" bediente sich sehr bewußt jenes klassischen Konzeptes der Diätetik, wie es seit der Antike bis in die neueste Zeit tradiert wurde, wobei es sich der Formel bediente: „Alte Wege zu neuer Gesundheit".

Es war dabei unserer Aufmerksamkeit nicht entgangen, daß ausgerechnet die in unseren Tagen auf uns zu kommenden Krisenfelder, die auch das dritte Jahrtausend noch markieren werden, ganz und gar ausgerichtet sind auf das uralte Sechs-Punkte-Programm der klassischen Hygiene, nämlich 1. auf die Beherrschung der Lufträume, des Wasserhaushalts, der Energievorräte, der Siedlungsordnung – eine Umwelt-Hygiene also im weitesten Sinne; 2. die Versorgung einer rasant anwachsenden Weltbevölkerung mit Nahrung und die Verhütung von Trunksucht, Freßsucht und Drogensucht; 3. die Humanisierung der Arbeitswelt und die Ordnung einer in Produktion und Konsum ausgewogenen Freizeitgesellschaft; 4. die Kultivierung der Wachzeiten wie der Nachtruhe in einer zirkadianen Rhythmik wie auch die Bekämpfung der Lärmstörungen; 5. die Regulierung des innersekretorischen Stoffhaushaltes, darin eingeschlossen die Theorie und Praxis einer Sexualhygiene, und 6. die Kultivierung des Affekthaushalts und damit der Einbau der Psychohygiene in eine anthropologisch fundierte allgemeine Gesundheitsbildung.

Eine solche Bildung gesunder Lebensführung aber beruht letztes Endes auf unserem Bild vom Menschen und seiner Welt und damit wiederum auf der fundamentalen Sinnfrage unserer Existenz. Einer solchen Lebensordnung liegt aber auch die zutiefst physiologische Einsicht zugrunde, daß es immer die gleichen Grundkräfte und Grundbedürfnisse sind, die „res naturales" der Alten, die nun auch die inneren Bedürfnisse und Normen, die „res non naturales", zu erhalten oder zu zerstören in der Lage sind.

Und so kam es uns vor allem darauf an, in einer grundlegenden wissenschaftlichen Analyse diese alten Lebensmuster aus ihrer historischen Erstarrung zu lösen und wirklich in Bewegung zu bringen, sie zu verstehen aus unserer Welt, sie zu übersetzen in unsere Sprache und unsere Zeit, sie nicht nur in den Blick, sondern auch in den Griff zu bekommen, um sie dann auch in ihrer ganzen Dichte und Breite und Tiefe praktikabel zu machen.

Es konnte dabei nicht übersehen werden, daß sich in der zweiten Hälfte des 20. Jahrhunderts geradezu eine „Mode des gesunden Lebens" auszubreiten begann, die auf eine von Schadstoffen freie Umwelt bedacht war, die sich aber auch den „Moden" bei Speise und Trank unterwarf, die den sozialen Zwängen bei Arbeit und Feier zu entkommen suchte, die weiterhin die Rhythmik bei Wachen und Schlafen respektierte, die Regelung des Sexuallebens mehr und mehr in das Zentrum der Lebensordnung rückte und nicht zuletzt dem emotionalen Leben größere Bedeutung zuerkannte. Nicht von ungefähr spiegelte sich auch in diesen „Moden" das klassische Programm der antiken Diätetik.

Die Planungsprogramme des „Mergentheimer Modells" konnten vor diesem Hintergrund Konzepte einer gesundheitsorientierten Heilkunde entwickeln, die sich alle auf die sechs Bildungsbereiche der älteren Hygiene erstreckten, nämlich auf:

1. Umweltschutz (Umgang mit den natürlichen Lebensbedingungen von Licht, Luft, Wasser, Wärme, Boden, Klima, Landschaft, Wohnbereichen, Erholungszonen),
2. Ernährungskultur (Lebensmittelkunde, Ernährungswandel, Fehlernährung, Drogenszenerie, Medikamentenkonsum);
3. Humanisierung der Arbeitswelt (Arbeitsphysiologie und Leistungspathologie, Stress und Feierabend, Gleichgewicht von Arbeit und Muße, Freizeitgesellschaft);
4. Schlafkultur (Probleme der zirkadianen Rhythmik, Schlafqualität, Wachheitsgrade, Lärmschäden);
5. Innersekretorischer Stoffwechselhaushalt (Ausscheidungen, Absonderungen, Hormone, Badekultur, Sexualhygiene);
6. Regulation des Affekthaushalts (Affekte und Emotionen, Aufbau einer anthropologisch orientierten Psychohygiene).

Mit diesen sechs Regelkreisen gesunder Lebensführung haben wir ein Modell vor Augen, wie es fruchtbar gemacht werden könnte auf drei Ebenen: 1. der Lebensbahn eines jeden einzelnen von uns, der mit diesem Lebensmuster wieder in Einklang käme zum Rhythmus seines Alltags (diaeta privata); 2. der Gesellschaft im ganzen als der Rahmenbedingung für eine verbindliche Lebensordnung (diaeta publica); 3. der Familie als der immer noch exemplarischen Gruppe einer überschaubaren Lebensgemeinschaft (diaeta communis).

Mit der Familie vor allem haben wir immer noch eine jener Grundfigurationen vor uns, die ohne Sozialisation, Erziehung, Bildung, Religiosität gar nicht zu denken wäre. Zwischen dem Abstraktum „Individuum" und dem System „Gesellschaft" finden wir ein organisches Medium vor, das immer schon – von Natur aus aus über die Natur hinaus – auf Kultur aus ist.

Als Modell für diese konkrete „Lebenswelt" diente bis in die neueste Zeit die Familie als der optimale Verbund der „kleinen Netze". Die Familie gilt denn auch immer noch als eine ganze Welt an Privatheit, Subjektivität, Intimität, eine wahre Gegen-Welt im Grunde genommen, ein flammendes Kontra gegen die Welt der Beliebigkeit, des Konsums, der Aggresivität, der Glücksgefräßigkeit – eine Kerntruppe immer noch gebildeten Lebens in Partnerschaft, Mutterschaft, Kindschaft: als Eßgemeinschaft mit ihren Mahl-Zeiten, als Schlafgemeinschaft in besonders intimem Verkehr, als Sprachgemeinschaft mit je spezifischen Dialekten, als Lebensgemeinschaft im Austausch und Abbau der Affekte, als therapeutische Gemeinschaft überall dort, wo Hilfe in Not erforderlich ist –, eine unerschöpflich kreative Lebensordnung kleiner Gemeinschaften, die nicht nur die Kindheit menschlicher, das Alter erträglicher macht, sondern auch alle Lebenskrisen humaner gestaltet. Hier erleben wir immer noch das Fluidum eines Vertrauens auf Gegenseitigkeit ohne Risikoabsicherung, das wir nirgends sonst noch finden und schon gar nicht in unseren modernen Versorgungsgenossenschaften und Versicherungsgesellschaften und Rückversicherungsanstalten.

Gehen wir diesem unserem uns nun schon aus dem historischen Panorama vertrauten Gesundheitsprogramm in allen seinen sechs Punkten noch einmal – Punkt für Punkt – gesondert nach!

Sechs-Punkte-Programm

Der erste und wohl wichtigste Punkt betrifft die Lebensstilisierung in gesunder Umwelt. Hier geht es um den kultivierten Umgang mit Landschaften und Wohngebieten, um die Kontrollen von Energiegewinnung, -verwertung und -entsorgung, um die Kultur aller Lebenshüllen von der Kosmetik bis zum Kosmos, in einem wahrhaft elementaren Öko-System, einer Umwelt, die auch unseren Enkeln noch ein Zuhause sein könnte. „Natur" wäre hier wieder „oikos", die vernünftige Rechtsgemeinschaft aller Dinge, und der Mensch darin ein „oikonomos", jener tüchtige Verwalter, der weniger die Mentalität eines Freibeuters hätte als die eines Hirten, eines Gärtners, eines kultivierten und zu kultivierenden Menschen.

In einer solchen Atmosphäre wird jeder Atemzug zu einem rhythmischen Ereignis, das uns einbindet in die Umwelt, unserem Eigenleben neue Impulse verleiht, Signale sendet für die Rhythmik des Alltags. Jeder Atemzug begleitet ja den Appetit, motiviert zur Arbeit, läßt nicht locker im Schlaf, ist stetig präsent beim Stoffwechsel, stabilisiert das seelische Gleichgewicht. Hier zeigt sich sehr deutlich, daß alle diese Wegweiser in die gleiche Richtung deuten. Mit den Wegweisern unserer Atemwelt sind wir aber auch zeitlebens eingebunden in die Umwelt, in die Natur da draußen, die ihrerseits wiederum voller Signale steckt. Und so bildet denn auch alles Lebendige eine Atmosphäre um sich, Tag für Tag, Stunde um Stunde, mit jedem Atemzug.

Der zweite Lebensbereich betrifft die Lebensmittel im engeren Sinn, als ganz banale Mittel zu leben. Also leben wir –: eine Form, die bleibt, an einem Stoff, der stetig sich wandelt. In diesem intermediären Stoffkreislauf eines wahren Stoffverkehrs stehen wir buchstäblich im Austausch mit der Welt da draußen. Und wie uns jeder Atemzug mit dem uns umgebenden Luftmeer verbindet, also vollziehen wir auch mit jedem Bissen eine Einverleibung der Erde. Alles das, was wir von draußen auswählen, aufnehmen und uns aneignen und einverleiben, das alles sollte auch als Bild dienen für eine geistige Assimilation, die ständig Aneignung und Zueignung zugleich ist.

Eine mehr als tausend Jahre alte wissenschaftliche Kochkunst hat uns allerdings auch darüber belehrt, daß Essen und Trinken nicht allein ein physiologisches Geschehen sind, sondern ein eminent sozialer Akt. Die moderne Sozialphysiologie lehrt uns, daß und wie der Hypothalamus jene Gleichgewichte steuert, die wiederum von unserem Verhalten beeinflusst werden. Essen ist weniger biologisch orientiert als auf Sitte und Brauch gerichtet. War „Essen und Trinken" bislang eher ein Medium privater Vergnüglichkeit und Gastlichkeit, so sind – auch das haben wir zu bedenken – in unseren Tagen die Lebensmittel in den Mittelpunkt des Weltinteresses gerückt.

Unser dritter Punkt betrifft die Arbeit, dieses majestätische Idol der Neuzeit. Und so ließe sich nahezu alles im Leben auf Arbeit reduzieren: die Ausbildung, die Wirtschaft, Handel und Gewerbe, die große und die kleine Politik und mehr und mehr auch die Medizin. In einer welthistorischen Phase aber, wo die Maschine die Arbeit weitgehend umwandelt und dem Arbeitsprozeß neue Ziele setzt, sind wir einfach gehalten, den Begriff „Arbeit" neu zu fassen. Hier ist die Physiologie einer Arbeitsgemeinschaft gefordert, aus der dann auch die Hygiene des Arbeitslebens erwächst: der moralische Habitus des Werktätigen, die Atmosphäre eines Arbeitsklimas, die Freude an der Arbeit, der gebildete Umgang mit Freizeit.

Tätig-Sein sollte nicht verwechselt werden mit der Hektik, wie sie sich in der modernen Arbeitswelt breitmacht. In allem echten Tätigsein liegt ja auch die Ruhe, die Reflexion, die Muße, der Zusammenhang und Zusammenhalt alles Tuns. Arbeitsfähig kann daher nur in Verbindung mit der gesamten Leiblichkeit gedacht werden: mit Stoffwechsel, Zirkulation, Muskeltonus, Temperatur, nicht zuletzt mit der Ermüdung, die sich als äußerst zweckmäßig erweist, um leibliche Erschöpfung zu vermeiden. Wir lernen es wieder und beginnen zu begreifen, daß Bewegung und Ruhe – „motus et quies" der Alten – der gleichen Rhythmik unterliegen.

Als ein kaum jemals ganz zu fassendes Mysterium unserer Leiblichkeit erscheint uns – viertens – der Schlaf, der unseren Leib Tag für Tag in sich selbst versenken läßt, der uns aber auch immer wieder von neuem vor Augen führt, wie heilsam die Nacht über uns gewesen. Das größte Geheimnis eines wachen Lebens ist in der Tat immer noch der Schlaf. Hier werden wir leibhaftig eingetaucht in den universalen Rhythmus des Lebens. Die gekonnte Meisterung eines gleichmäßigen Rhythmus von Schlafen und Wachen, die entschlossene Bildung vor allem einer geschlossenen Ruhezeit, in der jeder in seine eigene Welt versinkt, um dann wieder wach zu sein am anderen und mit den anderen –, das erscheint wahrhaftig als ein Wegweiser für die Kultivierung des Alltags.

Kein Zufall ist es aber auch, daß die Erforschung der zirkadianen Rhythmik, die sogenannte „Rund-um-die-Uhr-Forschung", wieder auf die gleichen Erfahrungswerte zurückkommt, die seit Jahrhunderten – in der Regel der Benediktiner etwa – als das Maß einer humanen Daseinsgestaltung angesehen wurden. Die Skala zwischen Schlafen und Wachen bildet eine Art zentralnervöser Grundstimmung, auf der sich alle seelischen und geistigen Lebensprozesse aufbauen. Hier sind auch die berühmten Heilkräfte im Schlaf zu suchen, die eine Reorganisation der inneren Zeitstruktur bewirken, die aus sind auf eine Synchronisierung unserer Lebensuhren.

Dieses grandiose Wechselspiel zwischen Schlafen und Wachen wird – wie wir heute wissen – gesteuert durch das autonom-vegetative System. Hier findet man denn auch jene so ungemein sensiblen Zeitgeber, die auf eine höchst intelligente Weise das innerorganismische Leben zu steuern und zu stilisieren in der Lage sind –, wahrhaft Uhren, die das Leben stellt. Der rhythmische Wechsel freilich ist alles andere als autonom; er ist gleichgeschaltet dem kosmischen Wechselspiel von Tag und Nacht. Hier wird der Leib gleichsam heimgeholt in das All. Und im Schlaf, da rührt er uns an, der kosmische Partner, der große Bruder, der da malt unsere Träume mit dunkler Hand.

Als nicht weniger wichtig erschien uns ein fünfter Regelkreis, der sich mit dem Stoffwechsel-Haushalt befaßt, mit den so banalen Absonderungen und Ausscheidungen auch, den „excreta et secreta" der Alten, in jenem innersekretorischen Fließgleichgewicht, dem wir so leibhaftig verhaftet bleiben. Bei diesem imponierenden Gefüge eines ständigen Stoff-Wechsels, Umsatzes der Stoffe, Stoff-Verkehrs haben wir es mit einem überraschend geschlossenen System zu tun. In dieser „Ökonomie", einem wirklichen Haushalt, sind wir mit unserer Organisation leibhaftig in die Welt eingebunden, angekettet, eingekittet, eingepflanzt. Hier begreift man erst, daß Lebensordnung – wie Ordnung überhaupt – kein Zustand ist, sondern ein Vorgang, ein laufendes Aufräumen und stetiges Abstimmen im Wechselspiel einer lebendigen Harmonisierung.

Der letzte Regelkreis betrifft – neben Umwelt, Mitwelt und Arbeitswelt – die eigentliche Erlebniswelt des Menschen, den Affekthaushalt und damit uns selber, von innen her gesehen, unseren oft so komplizierten Umgang mit allen Leidenschaften und Freudenschaften. Zu diesen Affekten und Emotionen gehören Freude und Trauer, Angst und Neid, die Hoffnung vor allem. Alle diese „affectus animi" der Alten, sie werden heute „psychische Grundsituationen" genannt. Sie werden systematisiert als Risikofaktoren, bilden aber auch die positiven Potenzen der menschlichen „Seele".

Mit diesen so natürlichen Grundbedürfnissen, all unseren Leidenschaften und Freudenschaften, stehen wir an sich schon in konkreter Gemeinschaft: Angst und Haß, Neid oder Sorge, aber auch Hoffnung und Freude –, sie alle entzünden sich am anderen und zielen auf ein anderes, sie transzendieren unseren banalen Alltag auf einen höheren Lebenssinn. Mit der Beherrschung der Leidenschaften und im Umgang mit Freudenschaften gewinnen wir ein neues Lebensgefühl auch im Verkehr mit unseren Mitmenschen. Wir wissen und erfahren es täglich, wie sehr schon im normalen Leben Sympathie oder Antipathie die Hintergrundmusik spielen zu all unseren Begegnungen und Erlebnissen im Alltag.

Die Regelkreise im Ensemble

Alle diese Punkte einer diätetischen Lebensführung, sie verkörpern nicht nur die fundamentalen Grundbedürfnisse, wie sie genetisch verankert sind, sie bilden auch die tragenden Kulturelemente, ausgerichtet auf eine durchgehende Stilisierung des Alltags. Hier zeigt sich noch einmal eindrucksvoll, wie sehr alle diese sechs Punkte einer Lebensordnungslehre in die Gesellschaft eingebunden sind, wie ja auch Gesundheit nur in gebildeter Gemeinschaft verwirklicht werden kann. Die Frage der gesunden Lebensführung ist letzten Endes nicht nur eine Frage nach unserem persönlichen Wohlbefinden, sondern immer auch eine Frage nach dem Wohlergehen unserer Umwelt und Mitwelt. Es ist eine Frage nach unserer Lebenswelt in gesunden und in kranken Tagen, nach einer Welt eben, in der wir leben wollen.

Im Sozialverhalten aber tut sich noch einmal die ganze weite Landschaft unserer zu kultivierenden Lebensmuster vor uns auf: von der Gestaltung der Umwelt bis zur Meisterung des Affekthaushalts, von der Ernährung über Bewegung und Ruhe bis zum Binnenhaushalt unseres Stoffverkehrs, und dies alles in der ausgewogenen Rhythmik des Alltags. Eine solche Alltagskultur wäre gar nicht zu denken ohne ein geschlossenes Weltbild mit dem Menschen als Mittelpunkt und seiner Gemeinschaft. Weltbild und Lebensführung gehören zusammen, weil das Maß der Welt zugleich Muster des Lebensstils ist. Dies allein meint „diaita", der Grundbegriff für Lebensordnung, informiert von der Weltordnung (kosmos) und ausgerichtet auf die Lebenswelt (oikos).

Beim Überblick über die Regelkreise im Ensemble könnte aber auch deutlich werden, daß und warum alle Lebensordnung über den privaten Lebensstil hinaus auf Lebenspraxis drängt, und daß eine solche praktische Philosophie sich nur in gebildeter Lebensgemeinschaft realisieren läßt. Hier bildet sich denn auch das heraus, was wir – im rein metaphorischen Verständnis – einen „Regelkreis" nannten. Mit den „Regelkreisen gesunder Lebensführung" treten uns Prozesse vor Augen, die unseren persönlichen Lebensstil wieder in eine Symbiose bringen könnten zu Umwelt und Mitwelt, zu dem also, was wir „Lebensstil" nennen.

Für eine effektive Gesundheitsplanung und eine realistisch denkende Gesundheitspolitik dürfte es dabei von ausschlaggebender Bedeutung sein, daß alle diese Punkte nicht isoliert nebeneinander oder konkurrierend zueinander betrachtet werden, sondern als ein in sich geschlossenes Programm, das – in Theorie wie Praxis – das Konzept einer Medizin als Gesundheits-Wissenschaft vorzutragen in der Lage wäre; einer Heilkunde und Heilkultur, die sich nicht nur mit den Krankheiten befaßt, sondern auch mit der Gesundheit des Menschen.

Unsere Medizin als Naturwissenschaft, die man heute so mühsam und so halbherzig durch psychologische Aspekte und soziale Dimensionen zu kompensieren sucht, sie könnte mit diesen Kriterien wieder eine Kulturwissenschaft werden, wobei unter „Kultur" keineswegs die modischen Felder von Kunst oder Kosmetik gemeint sind, sondern eben jener Grundbegriff von „cultura", die immer nur die leibhaftige Kultur sein kann eines von Natur aus unzulänglichen, hinfälligen, notleidenden und bedürftigen Menschen, um den sich die Heilkunde seit jeher bemüht hat.

5. Auf dem Wege zur Weltmedizin

Die Faszination unserer Zeit geht zweifellos von den Wissenschaften aus. Auch das soeben angebrochene Jahrhundert wird man sich nicht vorstellen können ohne Naturwissenschaft und Technik. Vor allem die Biologie – mit Biochemie, Molekularbiologie und Biotechniken – ist heute schon dabei, die nächste wissenschaftliche Revolution in Gang zu setzen. Die Medizin ist dabei am frühesten und am konsequentesten zum Promotor einer Verwissenschaftlichung geworden. Ihr Protagonist Rudolf Virchow zeigte sich bereits auf der Naturforscherversammlung 1858 in Karlsruhe „von dem inneren Zusammenhange der ganzen Erscheinungswelt" fest überzeugt und damit auch „von dem stetigen Fortschritt der Entwicklung, von der Auflösung der Gegensätze in einer höheren Einheit", eben der „Einheitswissenschaft".

Mit den 90er Jahren des 19. Jahrhunderts schien bereits der „Bund zwischen Naturwissenschaft und Technik" endgültig geschlossen, ein Bund, durch den – so der Chirurg Ernst von Bergmann auf der Naturforscherversammlung 1893 in Nürnberg – „die jetzige Kulturentwicklung eine unaufhaltsame geworden" sei, so daß nun „die progressive Entwicklung des Menschengeschlechts endgültig garantiert" sei. Die „Wunder der Technik", sie würden von nun an gleichberechtigt neben „die Wunder der Natur" treten.

Daß die Fortschritte der Medizin ein ganzes Jahrhundert hindurch Ergebnis planbewußter und zielstrebiger Methodik war, daran ist nicht zu zweifeln und steht nicht zur Debatte. Dafür sind die Resultate der Heiltechnik zu eindeutig!

Die moderne biomedizinische Technik (Biomedical engineering) hat sich die Lösung biologischer Probleme mit technischer Methodik zur Aufgabe gemacht. Sie liefert dem Chirurgen Apparate, künstliche Organe und Prothesen; sie erforscht lebendige Systeme und versucht deren Nachbildung; sie dient der Krankenhausplanung, der Städtesanierung, einer humaneren Umweltgestaltung. Als Bionik entwickelt sie Systeme, deren Funktion natürlichen Systemen nachgebildet ist. Auf allen diesen

Gebieten erleben wir in unseren Tagen den planmäßigen Übergang von der morphologischen zu einer mehr dynamisch angelegten funktionellen Diagnostik und Therapie. Die Biokybernetik schließlich sucht die Theorie der Regelung, Steuerung, Informationsübertragung auf die biologischen Vorgänge anzuwenden. Symptome hierfür sind der Aufbau von hochtechnisierten Intensivstationen, ein vollautomatischer Laborbetrieb oder auch die elektronische Datenverarbeitung in Diagnostik und Dokumentation.

Das vom anatomischen Zeitalter so grandios formulierte, so souverain proklamierte Strukturdenken, es wird ergänzt und überhöht durch ein Funktionsdenken, durch die Regelkreise einer Systemtheorie. Molekularpathologie und Immunologie lassen das alte Bild einer „Anatomia animata" wiedererstehen. Die Wissenschaft von morgen erscheint uns immer deutlicher als ein System höherer Ordnung, auch höherer Zwänge, in jener Verflechtung von Wissenschaft, Technik und Wirtschaft, der auch die Medizin im neuen Jahrhundert alle Erfolge verdanken wird. Dies wird sich erweisen auf allen Gebieten des modernen Gesundheitswesens.

Die Medizin des Jahres 2000 hat dabei unmerklich – wie wir dies in der Industrie, der Wirtschaft und der Politik als selbstverständlich akzeptiert haben – eine Großmacht gebildet, die sich auf ihrem Wege zur Weltmedizin nur noch als universelle soziale Einheit behandeln läßt. Sicherlich werden darin auch die Wissenschaften als methodologisches Modell ihre Rolle weiter zu spielen haben; aber sie haben als solche keinen Bezug zur Realität des kranken Menschen, den man nun einmal nicht wiederherstellen kann, ohne ihn auch wirklich hineinzustellen in einen konkreten Lebensraum, in seine soziale und geschichtliche Wirklichkeit.

Greifen wir noch einmal die wichtigsten Stadien auf dem Wege der Medizin zum Jahre 2000 heraus! Die Medizin ist seit der Mitte des 20. Jahrhunderts erst zu einer Großmacht geworden, die in alle Bereiche des Lebens ihr Licht und ihre Schatten wirft. Wir verdanken ihr auf der einen Seite eine Verlängerung der Lebensfrist und eine Ausweitung der Lebensräume, erfahren dabei aber auch, wie wir immer abhängiger werden von einer Heiltechnik, die immer aufwendiger, unübersichtlicher und kostspieliger wird.

Vom Plateau des Jahres 2000 könnten wir aber auch ein – wenn auch noch so kurzes – Schlaglicht werfen in das dritte Jahrtausend. Den spektakulären Einfluß der medizinischen Technik auf die Entwicklung des Gesundheitswesens sehen wir eher schwinden. Dafür drängen sich die flankierenden Maßnahmen zu einer rein kurativ eingestellten Medizin, die Prävention und die Rehabilitation, in den Vordergrund, und mit den Fragen eines umfassenden Gesundheitsschutzes auch wieder die Aufgaben einer Gesundheitsbildung. Die Öffentlichkeit erhält dabei immer stärker den Eindruck, daß als Träger der Versorgungssysteme nicht mehr die Ärzte allein fungieren, sondern eher ein therapeutisches Kollektiv, das mit den ärztlichen Diensten auch die Pflegedienste, die medizinische Technik, die Sozialdienste und ein medizinisches Management koordiniert. Eine therapeutische Gemeinschaft scheint im Entstehen, in welcher der Arzt nur noch ein Glied im Spektrum der Gesundheitsberufe bildet.

Das neue Paradigma der Heilkunde wäre demnach getragen von einer anthropologischen Basis, die – über das reduzierte Modelldenken der Naturwissenschaft hinaus – wieder die Umwelt und Mitwelt des Menschen berücksichtigt. Das ärztliche Handeln wird weniger krankheits- als krankenorientiert sein; es sucht im Zeitalter der Chronisch-Kranken einen neuen Umgang mit dem Patienten und neue Wege der personalen Zuwendung und Begleitung. Damit rückt nicht nur die Gesundheit in den Mittelpunkt der Heilkunst, sondern auch das gewaltige Übergangsfeld zwischen „gesund" und „krank". Die Medizin der Zukunft wird sich vorwiegend abspielen im Vorfeld der Krankheit wie auch auf den Gefilden der Nachsorge.

Mit dem Eindringen in die Gesetze nicht nur der Natur, sondern auch der Gesellschaft hat sich das Wirkungsfeld der Medizin beträchtlich erweitert. Biologische und soziale Existenz des Menschen stehen zu offensichtlich in einem Wirkungszusammenhang.

Bei den Fragen um „Gesundheit und Gesellschaft" kamen wir immer wieder auf die alte Problematik zurück: Sind wir im Grunde nur das Produkt unserer genetischen Anlagen oder das Produkt unserer Umwelt, unserer Gesellschaft, unseres Milieus? Zwischen den Extrempositionen eines Determinismus der einen oder der anderen Position kommen wir auf eine Zwischenlösung aus, wonach die menschliche Natur sowohl durch das Erbgut als auch durch die Gesellschaft mitbestimmt wird. Es sind eben nicht die Erbanlagen allein, die schicksalhaft festzustellen vermögen, was unsere körperliche, seelische und geistige Entwicklung und damit auch unsere Gesundheit ausmacht. Diese bestimmen allenfalls den Rahmen, in dem unser Leben sich entfaltet, und dies in stetiger Auseinandersetzung mit unserer Umwelt. Keineswegs sind wir die Sklaven unserer Gene; wir existieren im lebendigen Wechselspiel von Erbgut und Milieu.

Unwillkürlich denkt man an dieser Stelle an Hölderlins „Rhein-Hymne", wo es so einfühlsam heißt: „Das meiste nämlich vermag die Geburt und der Lichtstrahl, der dem Neugebornen begegnet". Die genetische Matrix und das soziale Fluidum, damit ist im Grunde schon alles gesagt. Dann aber folgt sogleich der entscheidende Vers: „Wo aber ist einer, um frei zu bleiben sein Leben lang"! Wir hausen nicht in unserem Milieu; wir versuchen darin zu wohnen, uns häuslich zu arrangieren. Wir leben augenscheinlich auf animalische Art, erscheinen aber in einem Kulturkleid. Unsere Erbanlagen gleichen weniger einem Programm, das einen Computer steuert, als einer Partitur, die erst unter spezifischen Umweltbedingungen zum Klingen kommt – kulturell überformt. Die Kultur hinwiederum wirkt auf den Menschen zurück, indem sie biologische Defizite entlastet und Orientierungen prägt für sein Denken und Handeln.

Auf dem Wege zur Weltmedizin werden vermutlich nicht mehr die ökonomisch gesteuerten Leistungskriterien allein unsere Lebenswelt bestimmen, sondern eher ein ökologisch orientierter qualitativer Lebensentwurf, dem zu dienen heute schon ein ganzes Heer von Gesundheitsberufen zur Verfügung steht. Was uns hierbei vor Augen steht, ist ein dreifacher Aufgabenbereich, nämlich: 1. die Gesundheit zu bewahren und womöglich zu fördern; 2. die Risikofaktoren des Alltags zu erkennen und zu lindern, und 3. mit den Krankheiten, die uns verbleiben, sinnvoll leben zu lernen und sie bemeistern.

Hinter allem aber steckt ein Daseinsentwurf, der das Leben bejaht, auch Leiden akzeptiert, um die vielfältigen Möglichkeiten, sein Leben zu leben, auch auszuschöpfen. Die Zukunft des Gesundheitswesens läge hier eher im Vorfeld der Krankheit, wäre zu sehen in Vorsicht, Vorhut, Vorsorge, in einer sich positiv gestaltenden Heilkunde, einer wirklichen Präventivmedizin.

Angesichts dieser Übergangssituation wird heute schon immer energischer gefragt, ob es nicht doch wohl eine viel billigere und weitaus bessere Medizin geben könnte als sie uns die Heil technik vermittelt? Ob uns vielleicht an den heute bereits erreichten „Grenzen des Wachstums" keine Alternative bleibe als uns von neuem zu besinnen auf die Gesundheit als unser höchstes Eigentum, das wir besitzen und das wir – ein jeder von uns, wenngleich in Gesellschaft – zu verwalten und zu bilden haben?

Was wir hier – erstens und zuoberst – brauchen, sind klare Programme einer Gesundheitsbildung, die nichts mehr zu tun haben mit den kleinkarierten Schemata antiquierter Gesundheitserziehung, einer Gesundheitsbildung vielmehr, die im Grunde nichts anderes ist als eine neue Philosophie des Lebens. Im Hintergrund aller „Medizinischen Aufklärung" nämlich blieb uns eine Bewegung verborgen, die in unseren Tagen erst zum Durchbruch kommt: ein neuer Umgang mit der Natur als geschlossene Lehre des Lebens, mit einer Priorität des Lebendigen vor allem Machbaren und Reparierbaren, eine neue Ökologie also von Umwelt und Mitwelt.

Was wir – zweitens – nötig hätten, wäre eine möglichst systematisch durchstrukturierte Kategorientafel der Gesundheit. Gesundes Sein ist nur zum Teil genetisch fixiert. Der Rest muß errungen und erhalten werden: in Spannkraft und Kreativität, und immer als Resultat vielfältig vermaschter Regelkreise. Es wird uns immer deutlicher bewußt, daß wir es bei „gesund" und „krank" nicht mit fixierbaren Zuständen zu tun haben, sondern mit sehr persönlichen Einstellungen und Erwartungen, höchst individuellen Verhaltensweisen also, mit einem Habitus, auf den wir uns einzurichten und immer bewußter umzugehen haben.

Was wir – drittens – brauchen, ist eine neue Wissenschaft von der Gesundheit, nicht nur als eine neue Dimension der Medizin, als ein wenig Dekoration mit Psychologie und Soziologie, sondern als die Alternative zur Heiltechnik. Es werden in Zukunft ganz verschiedene Wissensbereiche sein, die wir in Forschung und Lehre heranzuziehen haben: die Pädagogik und die Familienforschung ebenso wie die Philosophie und Theologie, um das viel zu enge Konzept einer kurativen Medizin wieder auszuweiten auf die Kategorien einer umfassenden Sorge-Struktur. Aus der Heiltechnik würde dann wieder eine Heilkunde.

Eine Gesundheitspolitik aber, die mehr sein will als Krankenversicherungstechnik und Sozialpolitik, bedarf zunächst einmal einer wissenschaftlichen Begründung, für die heute freilich alle Voraussetzungen fehlen. Eine solche Gesundheitspolitik müßte idealiter gegliedert werden in Theorie und Praxis, wobei die Theorie sich befassen würde mit Gesundheitsforschung, Gesundheitsplanung und Gesundheitslehre, während es die Praxis zu tun hätte mit mit der Gesundheitsbildung in verschiedenen Bereichen und mit den politischen Maßnahmen im Gesundheitswesen (vgl. Schema).

Was zunächst die Theorie einer Gesundheitswissenschaft anbelangt, so sollten wir drei Bereiche unterscheiden:

1. die Grundlagenforschung, welche die so widersprüchlichen Begriffe von Norm und Normalität zu klären hätte, die darüber hinaus sich auch als allgemeine Hygiene auf ökologischer Basis strukturieren müßte.

2. Das zweite, immer noch theoretische Gebiet wäre die Gesundheitsplanung, wie sie mit den Mitteln einer Systemanalyse und Entscheidungstheorie betrieben werden müßte.

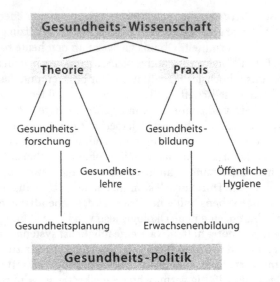

3. die Gesundheitslehre, nicht nur als ärztliches Denken und Handeln, sondern als Lebensführung nach wissenschaftlich abgesicherten Kriterien einer Lebensordnung.

Was die Praxis betrifft, so müßten wir auch hier drei Aufgabenbereiche in den Blick und in den Griff nehmen:
1. die Gesundheitsbildung in den Bildungsanstalten, in Kindergärten, Schule, Hochschule und Fortbildung;
2. Gesundheitsbildung in allen öffentlichen Einrichtungen, in Werkstätten, Kuranstalten, Wehrdienst und in den Medien;
3. die Öffentliche Hygiene, die sich ihrer ältesten Tradition nach – über Prävention und Rehabilitation hinaus – die Bildung des persönlichen Lebensstils wie auch einer Kultur des öffentlichen Lebens zur Aufgabe macht.

Das Programm einer solchen Gesundheits-Wissenschaft würde sich aber auch zwischen die sich heute immer verhängnisvoller in Naturwissenschaften und Geisteswissenschaften polarisierenden Gruppen stellen und am ehesten noch einer Kulturwissenschaft zuzuordnen sein, die dann auch von ihrem Ansatz her dem Aufbau eines Programms für den modernen Lebensstil vorzuarbeiten hätte.

In den Horizont der Zukunft träte damit ein medizinisches Konzept von Prävention, Kuration und Resozialisierung, in das die Selbstvorsorge, Selbstverantwortung und Selbsthilfe sinnvoll eingebaut sein wollen. Hinter diesem Konzept einer Integralen Medizin steht letztlich der Versuch, die eindimensionale technisierte Welt wieder in ein geschlossenes Bezugssystem zu bringen zu Politik, Wissenschaft und Religion. Integrale Medizin – das würde bedeuten, daß zur medizinischen Intervenierungstechnik eine Prävenierungsstrategie tritt, daß die Medizin als Ganzes sich nicht nur mit der Wiederherstellung, sondern auch mit der Erhaltung der Gesundheit befaßt. Zum „Sicherstellungsauftrag" der Ärzteschaft müßte neben der selbstverständlichen Krankenversorgung auch der Gesundheitsschutz treten, wobei Gesundheit nicht nur als Freisein von Störungen und Mißempfindungen aufgefaßt werden sollte, sondern auch als die Kraft, trotz aller Mißhelligkeiten ein sinnvolles Leben zu führen. Und das wäre dann beinahe schon wieder ein Begriff für Gesundheit!

Rückblick und Ausschau

Das historisch-kritische Panorama – eine abenteuerliche Wanderung durch drei Jahrtausende – mag unserer einleitenden Vermutung Recht geben, daß wir es bei „Gesundheit" mit keinerlei Art von Begriffsbildung zu tun haben, vielmehr eher mit Bildern von der Gesundheit, die uns auf mannigfaltige Weise das Geheimnis der Gesundheit augenscheinlich und offenkundig machen.

In den *Alten Hochkulturen* bereits ist denn auch von einem „Geheimnis der Gesundheit" die Rede, von einem natürlichen Eingespanntsein zwischen Leben und Tod, das als ein Zusammenspiel von leibhaftigem Alltag und gesellschaftspolitischen Strömungen in Erscheinung tritt, geheimnisvoll getragen von den Ordnungsmächten des Kosmos. Was in diesen Hochkulturen vorherrscht, ist die Allgegenwart numinöser Mächte, die sich noch nicht zu artikulieren vermögen. Demgemäß war auch das Tun des Arztes eingefügt in das Ganze einer Gesellschaftsordnung; es wurde damit zu einem zentralen Gebiet der Weltorientierung.

Im Spiegel der Geschichte sahen wir von Anfang an ganz verschiedene Einstellungen zur Gesundheit sich formieren, Grundhaltungen wie auch Handhaben, die das Bild der Gesundheit in je verschiedener Wertung – doch immer als ein hohes Gut – erkennen lassen. Was bei allen Konzepten dominiert, war jene durchgehende Philosophie der Leiblichkeit, die denn auch von jeher der Stilisierung des Lebens zu dienen in der Lage war. Gesundheit bedeutete nichts anderes als das ganze, das heile Sein. Und so erscheint denn auch die Sorge um die Gesundheit als „ein Urphänomen der Menschheit". Auf diese schlüssige Formel hat es Heidelberger Philosoph Hans-Georg Gadamer gebracht.

Aus der historischen Perspektive wird uns nun aber auch verständlicher, warum das Handeln des Menschen für die Erhaltung der Gesundheit wie auch des sozialen Gleichgewichts zunächst einer wissenschaftlichen Grundlage entbehrt. Hier kommen offensichtlich andere Kriterien ins Spiel, leibhaftige Erfahrungen des konkreten Alltags, die erst nach und nach durch ideelle Ordnungsbilder überhöht werden.

Erst der *Naturbegriff der Antike* gestattete es, die Gesundheit des Menschen als einen natürlichen Gleichgewichtszustand zu begreifen, wobei es Aufgabe des Arztes blieb, gestörtes Gleichgewicht wiederherzustellen. Gesundheit war dabei nichts anderes als das maßhaft Angemessene. Ihr Leitbild war die „Natur" (physis) als Grundbegriff einer gesetzmäßigen Ordnung. Die Heilkunst vermag dabei lediglich das Streben der Natur nach Wiederherstellung des Gleichgewichts zu unterstützen.

Zwischen Gesundheit und Krankheit hatte Galen aber auch mit dem Begriff der „neutralitas" einen Spielraum freigegeben, den die Natur selber mit ihren oft überraschenden Varianten zur Verfügung stellt. Die „neutralitas" erst gestattete das Abfangen eines schwankenden Gleichgewichts und erlaubte dem Arzt die Balancierung der Gleichgewichtsprozesse. Aus der bloßen Erforschung der elementaren Natur (physis) entwickelte sich das Studium einer bewußten Lebensführung (diaita). „Natur" wird – im Umgang mit der „Umwelt" wie auch im Verkehr mit der „Mitwelt" – zur Basis von „Bildung".

Im *christlichen Abendland* wird die naturhafte „techne therapeutike" der Antike zur sittlichen „ars caritativa", die von vornherein soziale Impulse auf die karitativen Pflegestätten auszuüben vermag. Zuchtvolle Lebensführung gilt dabei als Ferment gebildeter Gemeinschaft, wobei gezeigt wird, daß zum Humanum bereits von Natur aus das Kulturkleid gehört. Daß und wie sehr sittliche Lebensführung zur Grundlage der öffentlichen Wohlfahrt werden konnte, war eine der Maximen in der Gesundheitslehre des Maimonides. Gesundheitsbildung wird zum Prototyp gebildeter Lebensführung wie auch zum Motor kultivierter Gesellschaftspolitik.

Am Ausgang des Mittelalters vermag Paracelsus noch einmal zu zeigen, daß Gesundsein im Grunde das gleiche bedeutet wie „In-Ordnung-sein" als „Ordnung des Lebens", eingeordnet in die Rahmenbedingungen der Umwelt wie auch der kosmologischen Gesetzlichkeiten. Die „Ordnung" aber fließt nach Paracelsus – im Sinne der christlichen Lebensführung – allein aus dem Gebot der Nächstenliebe, die bewirkt, daß aus der bloßen Humanmedizin eine Medizin der Mitmenschlichkeit wird.

Unser Exkurs über die Gesundheitsbücher *(Regimina sanitatis)* vermochte zu zeigen, wie sehr gesundes Leben es zu tun hat mit „haushalten", mit „auskommen", wie auch mit einem „miteinander auskommen". Das heimatliche Haus, der „oikos", blieb weit über die Aufklärung hinaus das Modell für gesunde Haushaltung im privaten wie im öffentlichen Leben. „Haushalten" bedeutet hier nichts anderes als gesundes Leben in Gemeinschaft. Mit dem Modell einer Alltagskultur tritt uns über die Jahrhunderte hinweg die Szenerie einer Regulierung des gesunden Alltagslebens in gebildeter Gemeinschaft vor Augen.

Für die „*Medizinische Aufklärung*", der Gesundheit so viel war wie Lebensstil, schien eine physische Lebensführung nicht möglich ohne „moralische Kultur", welche das Physische im Menschen durchweg moralisch behandeln sollte, um die Diätetik letztlich als „Kunstwerk des Lebens" zu gestalten. Über die Kultur des Individuums hinaus sollte die Gesundheitslehre als allgemeine Wohlfahrtskunde zur „Kultur der Gattung" – so Kant – werden. Gesundheit als Idee der öffentlichen Wohlfahrt tritt damit aus dem Bereich der „medicina privata" hinaus auf die Felder einer „medicina publica" und wird als „Staatsarzneikunde" zur „Medizinischen Polizei". An die Stelle der karitativen Gesundheitsfürsorge rücken gesellschaftspolitische Programme, wobei als „bonum publicum" das Wohl des Leibes in der Gesellschaft zum Tragen kommt.

Mit dem *19. Jahrhundert* häufen sich die Stimmen, welche die Hygiene nur noch als „soziale Wissenschaft" begreifen, als eine Wissenschaft, der damit auch eine eigene politische Aufgabe zukommt. Seit der Mitte des Jahrhunderts verliert die Gesundheitslehre ihren qualitativen Bezug zum Erfahrungsbereich der Alltagskultur, um sich mehr und mehr auf wissenschaftlich-technische Problembereiche zu konzentrieren, wie am Beispiel der Assanierung der großen Städte gezeigt werden konnte, die im Zeitalter der Industrialisierung einfach erforderlich wurde.

Während die Hygiene mit ihrer wissenschaftlichen Methodik sich fokussieren konnte auf die Bereiche der Umwelt – mit Boden, Wasser, Luft –, blieben wichtige

Bereiche der privaten Lebensführung – wie Bewegung, Ernährung, Affektleben – eher der traditionellen Diätetik verbunden. Dabei kann nicht übersehen werden, daß die entschlossene Anwendung von Wissenschaft und Technik zu einer grundlegenden Veränderung des Lebensstils geführt hat. Wobei zu berücksichtigen bleibt, daß sich der Horizont des Spezialisten zwar methodisch verfeinert, aber auch geistig einengt.

Es sollten die Naturwissenschaften sein, welche fortan in der „Kulturgeschichte des Menschen" ihre führende Rolle spielen. Mit seiner Forderung nach „Recht auf Gesundheit" hatte Rudolf Virchow die Medizin zu einem sozialen Programm erweitert, da sich gesundes Leben nur in gesunder Gesellschaft realisieren lasse. Die Gesundheitslehre wird eingeflochten in die Medizin als „angewandte Naturwissenschaft", zugleich aber auch ausgeweitet zu einem sozialpolitischen Kulturprogramm.

Die vielschichtigen Erfahrungen einer vorwissenschaftlichen Lebenswelt sollten es aber auch sein, welche dem Herrschaftswissen und seinen Grenzsituationen neue – im Grunde ganz alte – Maßstäbe zu vermitteln in der Lage waren, so wie dies die *„Medizin in Bewegung"* versucht hatte, indem sie zu den Naturwissenschaften auch die Geisteswissenschaften wieder ins Spiel zu bringen gedachte.

Mit seinem Heidelberger Kollegen Viktor von Weizsäcker hatte sich nicht von ungefähr der Philosoph Hans-Georg Gadamer verwundert die Frage gestellt: „Aber was ist nun eigentlich die Gesundheit, dieses geheimnisvolle Etwas, das wir alle kennen und irgendwie gerade gar nicht kennen, weil es so wunderbar ist, gesund zu sein?" Gesundheit wäre demnach: Da-Sein, In-der-Welt-Sein, Mit-einander-Sein!

Der Philosoph Gadamer hat immer wieder – so noch 1993 – betont, daß es die „Rätsel der Krankheit" seien, welche uns das „große Wunder der Gesundheit" bezeugen, ein Gesund-sein, das uns alle immer wieder beschenkt mit dem „Glück des Vergessens", mit dem „Glück des Wohlseins" und der damit verbundenen „Leichtigkeit des Lebens". Gadamer hat es für „ein Urthema des Menschen" gehalten, daß man sein Leben zu führen habe; er hat sich aber auch die Frage gestellt, wie man in einer durch die Wissenschaftskultur der Neuzeit geformten Gesellschaft noch den „Mut zu einer eigenen Lebensgestaltung" aufbringen könne. Hier sind es die uralten Ordnungsbilder kultivierten Lebens, die in die Gesellschaft eingebunden sind, wie auch Gesundheit verwirklicht wird nur in gebildeter Gesellschaft.

Gesundheit ist – das ging aus unserem historischen Panorama immer wieder hervor – bereits reines, sich selbst verwirklichendes Sein, bedeutet – was uns gerade das Kranksein so drastisch demonstriert – die Möglichkeit, unser Leben zu führen. Der gesunde Mensch wäre demnach zu definieren als jener durch und durch kreative Mensch, der sich dem anderen und der Welt zuwendet, der aus Erfahrungen lernt und seine Meinung äußert und ändert, der die Kraft und den Mut gewinnt, etwas ins Leben zu investieren, sich einzusetzen und dranzugehen, der Spannungen aushält, Konflikte löst, der den Stress meistert, der jeden Tag geschenkten Lebens als Chance nimmt und sich zeitlebens aufgehoben weiß im Prozeß eines Geborenwerdens, von dem man wohl nie ganz entbunden wird.

Was mit den hier vorgelegten historischen Mustern deutlicher wurde, ist die alte Erfahrung, daß wir es im Gesundheitswesen stets mit den Regelkreisen um Mensch und Gesellschaft zu tun haben, wobei der Mensch den zentralen Angelpunkt bildet. Wir haben aber auch erkennen können, daß es sich bei „Gesundheit" um ein dynamisches „Ökosystem" handelt, in welchem Struktur und Funktion nicht mehr zu trennen sind. Nicht von ungefähr tendierten die so verschiedenen Bilder von der Gesundheit immer auch auf eine Gesundheits-Bildung.

Und so bietet auch unser historisch-kritisches Panorama kein Rezept an, sondern nur ein Memento. Als heuristisches Muster will es daher auch in jedem Punkte neu artikuliert, stetig aktualisiert und für unsere Lebensführung für heute und morgen operationalisiert werden.

Wir durften dabei aber auch erfahren, wie sehr jede kritische Analyse unserer Situation neben den empirischen Studien einer historischen Dimension bedarf. Die Geschichte will ja nichts anderes als uns Rede und Antwort geben auf unsere heutigen Fragen. Dies freilich hat der Arzt schon immer gewußt, wenn er der Anamnese die bildenden Punkte für die Diagnose entnahm, um sie fruchtbar zu machen für seine Prognose.

Bei aller Eingebundenheit in die Funktionskreise der Gesellschaft sollte Gesundheitsplanung freilich nicht zur kollektiven Daseinsvorsorge werden, vielmehr Sache des persönlichen Lebensstils bleiben. Es kommt nicht darauf an, ob und wie sehr einer gesund ist, sondern was er mit seinem Gesundsein macht. Gesundheit ist keineswegs das höchste Gut, sondern eher ein vitales Medium zu kreativer Existenz. Gesundheit ist – wie die Weisheit der Alten dies wußte – ein Weg, der sich bildet, indem man ihn geht.

Literatur

Allgemeines

Antonovsky, A. (1979) Health, stress and coping. New perspectives on mental and physical well-being. San Francisco

Atteslander, P. (1981) Die Grenzen des Wohlstands. An der Schwelle zum Zuteilungsstaat. Stuttgart

Bengel, J., R. Strittmatter u. H. Willmann (1998) Was erhält Menschen gesund? Antonovskys Modell der Salutogenese.Köln

Bogs, H. (et alii) (1982) Gesundheitspolitik zwischen Staat und Selbstverwaltung. Köln

Canguilhem, Georges (1974) Das Normale und das Pathologische. München

Christian, Paul (1952) Das Personverständnis in der modernen Medizin. Tübingen

Engelhardt, Dietrich von (1986) Mit der Krankheit leben. Grundlagen und Perspektiven der Copingstruktur des Patienten. Heidelberg

Engelhardt, Dietrich von (1995) Der Wandel der Vorstellungen von Gesundheit und Krankheit in der Geschichte der Medizin. Passau

Gadamer, Hans-Georg (1993) Über die Verborgenheit der Gesundheit. Frankfurt

Göpel, Eberhard und Ursula Schneider-Wohlfart (Hg.) (1994) Provokationen zur Gesundheit. Beiträge zu einem reflexiven Verständnis von Gesundheit und Krankheit. Frankfurt

Ferber, Christian von (1967) Sozialpolitik in der Wohlfahrtsgesellschaft. Hamburg

Ferber, Christian von (1971) Gesundheit und Gesellschaft. Stuttgart

Frank, M. (1970) Die medizinischen Probleme des Gesundheitsbegriffs. Heidelberg

Herder-Dorneich, Philipp (1977) Strukturwandel und Soziale Ordnungspolitik. Köln

Herder-Dorneich, Philipp (1979) Soziale Ordnungspolitik. Stuttgart

Herder-Dorneich, Philipp (1980) Gesundheitsökonomik. Systemsteuerung und Ordnungspolitik im Gesundheitswesen. Köln

Imhof, Arthur E. (1980) Mensch und Gesundheit in der Geschichte. Husum

Imhof, Arthur E. (Hg.) (1983) Leib und Leben in der Geschichte der Neuzeit. Berlin

Jakob, Wolfgang und Heinrich Schipperges (Hg.) (1981) Kann man Gesundheit lernen? Stuttgart

Kroker, Eduard (Hg.) (1985) Gesundheit, des Menschen höchstes Gut? Königstein

Pfustermidt-Hardtenstein, Heinrich (Hg.) (1997) Das Normale und das Pathologische. Was ist gesund? Europ. Forum Alpbach (1996). Wien

Ridder, Paul (1990) Im Spiegel der Arznei. Sozialgeschichte der Medizin. Stuttgart

Ridder, Paul (1995) Gesund mit Goethe. Die Geburt der Medizin aus dem Geist der Poesie. Münster

Ridder, Paul (1996) Schön und gesund. Das Bild des Körpers in der Geschichte. Kassel

Schaefer, Hans (1979) Plädoyer für eine neue Medizin. München

Schaefer, Hans (1985) Tugenden – ein Weg zur Gesundheit. Bad Mergentheim

Schaefer, Hans (1993) Gesundheitswissenschaft. Versuch eines wissenschaftlichen Programms und seiner Anwendung. Heidelberg

Schipperges, Heinrich (1982) Gesundheit im Wandel. In: Stiftung „Hufeland-Preis". Köln

Schipperges, Heinrich (1983) Alte Wege zu neuer Gesundheit. Modelle gesunder Lebensführung. Bad Mergentheim

Schipperges, Heinrich (1984) Die Vernunft des Leibes. Gesundheit und Krankheit im Wandel. Graz

Schipperges, Heinrich (1990) Konzepte gesunder Lebensführung. Leitfaden einer Vorsorgemedizin. Wien

Schipperges, Heinrich (1991) Medizin an der Jahrtausendwende. Fakten, Trends, Optionen. Frankfurt

Schipperges, Heinrich (1993) Heilkunde als Gesundheitslehre. Der geisteswissenschaftliche Hintergrund. Heidelberg

Schipperges, Heinrich (1998) Lebensqualität und Medizin in der Welt von morgen. Passau
Schipperges, Heinrich (2002) Leiblichkeit. Studien zur Geschichte des Leibes. Aachen
Wieland, Wolfgang (1986) Strukturwandel der Medizin und ärztliche Ethik. Philosophische Überlegungen zu Grundfragen einer praktischen Wissenschaft. Heidelberg

I. Die Alte Welt

Anthes, R. (1933) Lebensregeln und Lebensweisen der alten Ägypter. Leipzig
Assmann, Jan (1973) Ägyptische Hymnen und Gebete. Zürich, München
Capelle, Wilhelm (1935) Die Vorsokratiker. Die Fragmente und Quellenberichte. Leipzig
Diels, Hermann (1957) Die Fragmente der Vorsokratiker. Hamburg
Galenos (1939) Hygieina = De sanitate tuenda. Hg. Erich Beintker, Schriften des Galen. Stuttgart
Grapow, H (1954–1964) Grundriß der Medizin der alten Ägypter. Bde. 1–9. Berlin
Heinimann, F. (1945) Nomos und Physis. Basel
Jaeger, Werner (1934/1944) Paideia. Die Formung des griechischen Menschen. Bde. 1–3. Berlin, Leipzig
Kudlien, Fridolf (1967) Der Beginn des medizinischen Denkens bei den Griechen. Zürich, Stuttgart
Lichtenthaeler, Charles (1967) Hippokrates und die wissenschaftliche medizinische Theorie. München
Nestle, Wilhelm (Hg.) (1922) Die Sokratiker. Jena
Nestle, Wilhelm (1942) Vom Mythos zum Logos.
Pohlenz, Max (1938) Hippokrates und die Begründung der wissenschaftlichen Medizin. Berlin
Schipperges, Heinrich (1963) Ärztliche Bemühungen um die Gesunderhaltung seit der Antike. Heidelberger Jahrbücher 7 (1963) 121–136
Schipperges, Heinrich (1976) Gesunde Lebensführung als therapeutisches Programm bei Galen. Die Heilkunst 89 (1976) 51–57
Schipperges, Heinrich (1977) Diätetisches Präludium in der antiken Medizin. Die Heilkunst 90 (1977) 38–43
Schipperges, Heinrich (1977) Glanz und Elend der Antiken Heilkunst. In: Jb d Wittheit zu Bremen 21 (1977) 75–95
Schöner, E. (1964) Das Viererschema in der antiken Humoralpathologie. Wiesbaden
Sigerist, Henry E. (1963) Anfänge der Medizin. Von der primitiven und archaischen Medizin bis zum Goldenen Zeitalter in Griechenland. Zürich
Snell, B. (1955) Die Entdeckung des Geistes. Hamburg
Westendorf, W. (1992) Erwachen der Heilkunst. Die Medizin im Alten Ägypten. Zürich
Wildung, D. (1977) Imhotep und Amenhotep. München, Berlin

II. Mittelalter

Ackermann, H. (1983) Die Gesundheitslehre des Maimonides, medizinische, ethische und religionsphilosophische Aspekte. Med. Diss. Heidelberg
Afnan, S. M. (1968) Avicenna. His Life and Works. London
Baader, G., G. Keil (Hrsg.) (1982) Medizin im mittelalterlichen Abendland. Darmstadt
Curtius, Ernst Robert (1954) Europäische Literatur und lateinisches Mittelalter. Bern
Dopsch, Heinz (u. a. Hrsg.) (1993) Paracelsus (1493–1541). „Keines andern Knecht ...“ Salzburg
Heschel, Abraham (1935) Maimonides. Eine Biographie.
Keil, G., P. Schnitzer (1991) Das Lorscher Arzneibuch und die frühmittelalterliche Medizin. Lorsch
Kindermann, H. (1964) Über die guten Sitten beim Essen und Trinken. Das ist Das 11. Buch von Al-Ghazzālīs Hauptwerk. Leiden.
Klein-Franke, Felix (1982) Vorlesungen über die Medizin im Islam. Wiesbaden
Mez, A. (1922) Die Renaissance des Islams. Heidelberg
Niewöhner, Friedrich (1988) Maimonides. Aufklärung und Toleranz im Mittelalter. Heidelberg
Pagel, Walter (1962) Das medizinische Weltbild des Paracelsus. Seine Zusammenhänge mit Neuplatonismus und Gnosis. Wiesbaden
Petri Hispani Opera Medica (s. XIII). Codex 1877. Madrid
Rocha Pereira, N. H. da (1973) Pedro Hispano, Obras médicas. Coimbra
Rosner, F. und S. Muntner (Edd.) (1973) The Medical Aphorism of Moses Maimonides. New York
Schimmel, Annemarie (1951) Ibn Chaldun. Ausgewählte Abschnitte aus dem muqaddima. Tübingen

Schipperges, Heinrich (1974). Paracelsus. Der Mensch im Licht der Natur. Stuttgart

Schipperges, Heinrich (1964) Die Assimilation der arabischen Medizin durch das lateinische Mittelalter. Wiesbaden

Schipperges, Heinrich (1966) Wissenschaftsgeschichte und Kultursoziologie bei Ibn Chaldun. Gesnerus 23, S. 170–175

Schipperges, Heinrich (1987) Eine „Summa Medicinae" bei Avicenna. Krankheitslehre und Heilkunde des Ibn Sīnā (980–1037). Berlin, Heidelberg, New York

Schipperges, Heinrich (1988) Die Entienlehre des Paracelsus. Aufbau und Umriß seiner Theoretischen Pathologie. Berlin, Heidelberg, New York

Schipperges, Heinrich (1994) Arzt im Purpur. Grundzüge einer Krankheitslehre bei Petrus Hispanus (ca. 1210–1277). Berlin, Heidelberg, New York

Schipperges, Heinrich (1996) Krankheit und Gesundheit bei Maimonides (1138–1204). Berlin, Heidelberg, New York

Simon, H. (1959) Ibn Khalduns Wissenschaft der menschlichen Kultur. Leipzig

Zimmermann, G. (1973) Ordensleben und Lebensstandard. Die cura corporis in den Ordensvorschriften des abendländischen Hochmittelalters. Münster

Regimina – Literatur

Alberti, Leon Battista (1962) Über das Hauswesen (Della Famiglia). Hrsg. Fritz Schalk. Zürich, Stuttgart

Becher, Johann Joachim (1738) Kluger Haus-Vater / Verständige Haus-Mutter / Vollkommener Land-Medicus. Leipzig

Brunner, Otto (1968) Das „Ganze Haus" und die alteuropäische „Oekonomik". Göttingen

Brunschwig, Hieronymus (1505) Das Buch der Gesundheit. Straßburg

Colerus, J. (1552) Oeconomia ruralis et domestica. Wittenberg

Eis, Gerhard (1943) Die Groß-Schützener Gesundheitslehre. Brünn, München, Wien

Fabricius, Johann Christian (1783) Anfangsgründe der oeconomischen Wissenschaften. Kopenhagen

Florinus, Franciscus Philippus (1722) Oeconomus prudens et legalis. Nürnberg

Germershausen, Christian Friedrich (1779–1781) Die Hausmutter in allen ihren Geschäften. 5 Bde. Leipzig

Germershausen, Christian Friedrich (1783–1786) Der Hausvater in systematischer Ordnung. 5 Bde. Leipzig

Germershausen, Christian Friedrich (1797–1799) Oeconomisches Reallexikon. 4 Bde. Leipzig

Guarinonus, Hippolytus (1610) Die Greuel der Verwüstung menschlichen Geschlechts. Ingolstadt

Hagenmeyer, Christa (1972) Die „Ordnung der Gesundheit" für Rudolf von Hohenberg. Phil. Diss. Heidelberg

Hagenmeyer, Christa (1995) Das Regimen Sanitatis Konrads von Eichstätt. Stuttgart

Haug, Christoph W. (1991) Gesundheitsbildung im Wandel. Bad Heilbrunn

Herr, Michael (1533) Schachtafelen der Gesundheit. Straßburg

Jahn, Christian L. (1757) Norma Diaetetica. Dresden

Schmitt, Wolfram (1973) Theorie der Gesundheit und „Regimen sanitatis" im Mittelalter. Habil. Schrift Heidelberg

Schmitt, Wolfram (1976) Geist und Überlieferung der Regimina sanitatis. In: Tacuinum Sanitatis. Das Buch der Gesundheit. Hrsg. Luisa Cogliati Arano, S. 11–35. München

Schola Salernitana (1657) Sive De conservanda Valetudine. Praecepta Metrica. Rotterdam

Schöffer, Peter (1485) Hortus Sanitatis. Mainz

Schorer, Christoph (1668) Reglen der Gesundheit. Ravensburg

Wagner, Friedrich (1961) Das Bild der frühen Ökonomik. Salzburg, München

III. Die Neue Zeit

Bertele, Georg August (1803) Versuch einer Lebenserhaltungskunde. Landshut

Feuchtersleben, Ernst von (1845) Lehrbuch der ärztlichen Seelenkunde. Wien

Hufeland, Christoph Wilhelm (1794) Gemeinnützige Aufsätze zur Beförderung der Gesundheit, des Wohlseyns und vernünftiger medicinischer Aufklärung. Leipzig

Hufeland, Christoph Wilhelm (1797) Die Kunst das menschliche Leben zu verlängern. Jena
Hufeland, Christoph Wilhelm (1812) Geschichte der Gesundheit nebst einer physischen Karakteri-
    stik des jetzigen Zeitalters. Berlin
Ideler, Carl Wilhelm (1846) Die allgemeine Diätetik für Gebildete. Halle
Kilian, Conrad Joseph (1800) Lebensordnung zur Erhaltung und Verbesserung der Gesundheit.
    Leipzig
Labisch, Alfons (1992) Homo Hygienicus. Gesundheit und Medizin der Neuzeit. Frankfurt, New
    York
Leibniz, Gottfried Wilhelm (1872) Grundriß eines Bedenkens von Aufrichtung einer Societät in
    Teutschland zu Aufnehmen der Künste und Wissenschaften (1669/1679). In: Kropp, Die Werke
    von Leibniz, Bd. I, S. 111 ff. Hannover
Mai, Franz Anton (1794) Medicinische Fastenpredigten, oder Vorlesungen über Körper- und See-
    len-Diätetik, zur Verbesserung der Gesundheit und Sitten gehalten. Mannheim
Mai, Franz Anton (1802) Stolpertus, der Polizei-Arzt im Gerichtshof der medizinischen Polizeyge-
    setzgebung. Mannheim
Mai, Franz Anton (1811) Die Kunst, die blühende Gesundheit zu erhalten und die verlohrne durch
    zweckmäßige Krankenpflege wieder herzustellen. Mannheim
Paulus, Karl (1804) Versuch einer Gesundheits-Erhaltungslehre. Bamberg, Würzburg
Seidler, Eduard (1975) Lebensplan und Gesundheitsführung. Franz Anton Mai und die medizini-
    sche Aufklärung in Mannheim. Mannheim
Siefert, Helmut (1970) Hygiene in utopischen Entwürfen des 16. und 17. Jahrhunderts. Med. Hist.
    J. 5, S.24–41
Struppius, Joachim (1573) Nuetzliche Reformation zu guter Gesundheit und Christlicher Ordnung.
    Frankfurt

IV. Das 19. Jahrhundert

Conrad-Martius, Hedwig (1955) Utopien der Menschenzüchtung. Der Sozialdarwinismus und sei-
    ne Folgen. München
Feiler, Johann (1821) Handbuch der Diätetik. Landshut
Ferber, Christian von (1967) Sozialpolitik in der Wohlstandsgesellschaft. Hamburg
Ferber, Christian von (1971) Gesundheit und Gesellschaft – haben wir eine Gesundheitspolitik?
    Stuttgart
Fischer, Alfons (1933) Geschichte des deutschen Gesundheitswesens. 2 Bde. Berlin
Gottstein, A. (1901) Geschichte der Hygiene des XIX. Jahrhunderts. Berlin
Grotjahn, A. (1924) Die hygienische Forderung. Königstein
Jacob, Wolfgang (1967) Medizinische Anthropologie im 19. Jahrhundert. Stuttgart
Herder-Dorneich, Philipp (1966) Sozialökonomischer Grundriß der Gesetzlichen Krankenversiche-
    rung. Köln
Mann, Gunther (Hg.) (1973) Biologismus im 19. Jahrhundert. Stuttgart
Neumann, Salomon (1847) Die öffentliche Gesundheitspflege und das Eigenthum. Berlin
Oesterlen, Friedrich (1859) Der Mensch und seine physische Erhaltung. Leipzig
Pflaumer, Elke (1994) Bildung und Gesundheit. Frankfurt
Reich, E. (1870/71) System der Hygiene. 2 Bde. Leipzig
Rosen, George (1957) A history of public health. New York
Schallmeyer, Wilhelm (1910) Vererbung und Auslese in ihrer soziologischen und politischen Be-
    deutung. Jena
Schicke, R. K. (1978) Soziale Sicherung und Gesundheitswesen. Stuttgart, Berlin, Köln, Mainz
Schipperges, Heinrich (1968) Utopien der Medizin. Geschichte und Kritik der ärztlichen Ideologie
    des neunzehnten Jahrhunderts. Salzburg
Schipperges, Heinrich (1976) Weltbild und Wissenschaft. Eröffnungsreden zu den Naturforscher-
    versammlungen 1822 bis 1972. Hildesheim
Schipperges, Heinrich (1994) Rudolf Virchow. Reinbek
Sonderegger, J. L. (1901) Vorposten der Gesundheitspflege. Berlin
Virchow, Rudolf (1848/49) Die medicinische Reform. Eine Wochenschrift. Hrsg. mit R. Leubuscher.
    Berlin

V. Das 20. Jahrhundert

Abderhalben, Emil (1921) Das Recht auf Gesundheit und die Pflicht, sie zu erhalten. Die Grundbedingungen für das Wohlergehen von Person, Volk, Staat der gesamten Nationen. Leipzig

Baier, Horst (1995) DerWertewandel im Gesundheitswesen. In: Vesicherungsmedizin 47, S. 73–75

Barth, Karl (1948) Dogmatik. Bd. II. Zollikon, Zürich

Buber, Martin (1954) Die Schriften über das dialogische Prinzip. Heidelberg

Büchner, Franz (1946) Das Menschenbild in der modernen Medizin. Freiburg

Büchner, Franz (1961) Von der Größe und Gefährdung der modernen Medizin. Freiburg, Basel, Wien

Binswanger, Ludwig (1942) Grundformen und Erkenntnis menschlichen Daseins. Zürich

Christian, Paul (1989) Medizinische Anthropologie. Berlin, Heidelberg, New York

Dressler, S. (1989) Viktor von Weizsäcker. Medizinische Anthropologie und Philosophie. Wien, Berlin

Haeckel, Ernst (1874) Anthropogenie. Entwicklungsgeschichte des Menschen. Leipzig

Liek, Erwin (1929) Soziale Versicherungen und Volksgesundheit. Langensalza

Löwith, Karl (1969) Das Individuum in der Rolle des Mitmenschen. München

Pflanz, Manfred (1975) Die soziale Dimension in der Medizin. Stuttgart

Ploetz, Alfred (1895) Grundlinien einer Rassen-Hygiene. I. Theil: Die Tüchtigkeit unsrer Rasse und der Schutz der Schwachen. Ein Versuch über Rassenhygiene und ihr Verhältnis zu den humanen Idealen, besonders zum Socialismus. Berlin

Plügge, Herbert (1962) Wohlbefinden und Mißbefinden. Beiträge zu einer medizinischen Anthropologie. Tübingen

Schaefer, Hans (Hg.) (1982) Umwelt und Gesundheit. Aspekte einer sozialen Medizin. 2 Bde. Frankfurt

Schaefer, Hans (1984) Dein Glaube hat dich gesund gemacht. Freiburg

Schaefer, Hans (1985) Tugenden – ein Weg zur Gesundheit. Bad Mergentheim

Schaefer, Hans (1990) Das Prinzip Psychosomatik. Heidelberg

Schipperges, Heinrich (1990) Medizin in Bewegung. Geschichte und Schicksal. Heidelberg

Schipperges, Heinrich (1990) Heidelberger Schule der Medizin. Der geisteswissenschaftliche Hintergrund der „Medizin in Bewegung". Heidelberg

Siebeck, Richard (1949) Medizin in Bewegung. Klinische Erkenntnisse und ärztliche Aufgabe. Stuttgart

Teleky, Ludwig (1950) Die Entwicklung der Gesundheitsfürsorge. Berlin, Göttingen, Heidelberg

Weiss, L. (Hg.) (1989) Die Träume der Genetik. Gentechnische Utopien zum sozialen Fortschritt. Nördlingen

Vogel, F. (1996) Das Genom des Menschen und seine Analyse. In: Jb. Heidelberger Akademie der Wissenschaften für 1996, S. 57–70

Vogel, F. (2001) Vererbung und Milieu bei komplex (multifaktoriell) verursachten Krankheiten. In: Heidelberger Jahrbücher XLV, S. 45–75

Wieland, W. (1975) Diagnose. Überlegungen zur Medizintheorie. Berlin, New York

Wink, Michael (Hg.) (2001) Vererbung und Milieu. Heidelberger Jahrbücher 45, S. 1–394

Zola, E. (1974) Die Rougon-Macquart. Natur- und Sozialgeschichte einer Familie unter dem Zweiten Kaiserreich. Hg. Rita Schober. München

Druck und Bindung: Strauss Offsetdruck GmbH